仕事の生産性が上がる

トヨタの習慣

Daily Practices to improve
Productivity and Efficiency：
THE TOYOTA WAY

(株)OJTソリューションズ

トヨタには
社員が日々実践する
「習慣」があります。

しかし、
それは単なる「作業」ではありません。

効率（スピード）を上げて、
クオリティー（質）を高めるだけなら、
ロボットでもできます。

トヨタが大事にしているのは、
スピードと質を追求した上で、
「付加価値」を
生むこと。

ミスが改善につながる。
問題解決が成果に変わる。
部下が成長していく……。

このように、トヨタの習慣には、
「付加価値」を生むしくみが
常に組み込まれているのです。

はじめに

昨今、長時間労働が社会問題になり、残業を減らすなどの「働き方改革」が求められています。しかし、会社としては売上や利益を減らすわけにはいきません。

そこで、多くの会社が取り組み始めたのは、従業員の生産性を高めること、つまり賢く働くことです。

ＯＥＣＤ（経済協力開発機構）の資料によると、２０１５年の日本の時間当たり労働生産性は、42・1ドル。アメリカのおよそ6割強の水準で、順位はＯＥＣＤ加盟35カ国中20位と低迷しています。

トヨタ自動車では終戦前後から、ときには厳しい経営状況の必然として、「ジャスト・イン・タイム」「自働化」「かんばん方式」「改善」などのトヨタ生産方式のもと、生産性を向上させてきました。

当たり前のように日々、生産性を高める取り組みをしてきたからこそ、日本を代表するグローバル企業のひとつとして、世界の大企業に肩を並べることができたのではないでしょうか。

メーカー以外の業種で働く人、中小企業で活躍するビジネスパーソンの中には、「うちはトヨタのような大企業ではないからできることにも限界がある」と考える人もいるかもしれません。

しかし、いまやオフィスで働いている人はもちろん、サービス業や小売業、建設業なども生産性の向上は大きな課題であり、有効な手を打たなければ、事業の存続すら危うい状況になっています。

個人レベルでも、生産性の低い仕事を続けていれば、思うような成果を上げることができず、ライバルに差をつけられる結果となります。また、本当に取り組みたい仕事に使える時間も減ってしまいます。

反対に、生産性の高い仕事の進め方ができれば、スムーズに成果を出すことも可能です。何よりも、だらだらと残業をすることがなくなり、これまで以上にレベルの高い仕事にチャレンジする時間を捻出することも可能になります。家族や趣味に使える時間が増えたり、将来に向けた学びの時間を確保することで、さらなるステップアップも可能です。

トヨタでは、1台の自動車を57～58秒間隔で生産するというデータがあります。一方で、純利益は1兆8311億円（2017年3月期）にも達します。

もちろん、トヨタが、最初からこれだけ高い生産性を実現できていたわけではありません。その背景には、トヨタの社員が日々実践してきた「習慣」が存在します。

ただし、その習慣は仕事の効率をアップさせ、質を高めるだけの「作業」ではありません。いくら作業のスピードと質が向上しても、新たな問題が生まれていたら意味がありませんし、作業であればロボットに教えれば実現できてしまいます。

トヨタで実践されている習慣は、生産性を高めるのはもちろんのこと、「付加価値」を生むものです。たとえば、ミスが改善につながる、問題解決が成果に変わる、部下が成長する……といった付加価値を生む仕事は、単なる「作業」からは生まれません。

トヨタの現場には、一般に「トヨタ式」といわれる、トヨタが大切にしてきた考え方やノウハウ、しくみ、人材育成の積み重ねがあります。そこには、長年、生産現場で培ってきた「知恵」が凝縮され、机上の空論ではなく日々の「習慣」として、今でも現場で実践されています。

上司から部下へ、先輩から後輩へと連綿と受け継がれてきた「習慣」の中にこそ、生産性を高め、高い付加価値を生むためのヒントがあるのではないか――。そんな問題意識から、本書を執筆することにしました。

「もっと生産性の高い仕事をしたい」「より高い付加価値を上げられるチームになりたい」と願うビジネスパーソンにとっては、トヨタが習慣的に行なっている仕事の進め方、しくみ、考え方は参考になるはずです。

一方で、「トヨタ式に学ぼう」と言うと、拒否反応を示す人が少なくないのも事実です。

トヨタとは企業規模が違いすぎる。
トヨタに比べて資金も人材も不足している。

トヨタ式はモノづくりの現場だから成立するのだ……。

もちろん、トヨタのような事業規模だからできることもあります。しかし、自動車の生産プロセスを分解していけば、幅広い業種に応用可能な原理・原則が多くあるのです。

生産現場のレベルでいえば、現場の従業員が知恵を絞って、「もっといい車をつくろう」と日々奮闘しています。その中で、企業規模とは関係なく、一人ひとりの従業員が愚直なまでに現場の知恵の結晶である「習慣」を実行し続けているのです。

本書で紹介する「トヨタの習慣」は、**トヨタでしか通用しないものではありません。どんな業界、会社でも活用できる普遍性のある原理・原則です。**また、大きな考え方やしくみにとどまらず、できるだけ日々実践に落とし込める習慣を中心にピックアップしたつもりです。

生産現場で働く人だけでなく、オフィスで働く人にとっても、十分に応用できる考え方やノウハウが詰まっていると自負しています。

実際、トヨタ出身者からなる「ＯＪＴソリューションズ」のトレーナーたちが指導する企業は、国内の製造業にかぎらず、小売業、建設業、金融・保険業、卸売業、サービス業（医療機関・福祉施設・ホテルなど）、さらには海外の製造業まで、さまざまな地域・業種・職種に及び、大きな成果を上げています。決してトヨタのような大企業でしか通用しない考え方やノウハウではないのです。

ただし、本シリーズではこれまでも、「7つのムダ」「5S（整理・整頓・清掃・清潔・しつけ）」「なぜなぜ5回」などさまざまな習慣を紹介してきたため、本書ではあえてこれらの詳細は割愛しています。すでに語り尽くされた感のある習慣についてはポイントの紹介のみにとどめ、これまで語られてこなかった習慣、今の時代だからこそ参考にしたい習慣に特化して取り上げています。したがって本書にあわせて、同シリーズの『トヨタ仕事の基本大全』（KADOKAWA）なども手にとっていただけると、さらにトヨタの習慣に関する理解が進むと思います。

本書の内容が、みなさんの仕事の生産性向上に役立ち、充実した仕事をするための一助になれば、著者としてこれほどうれしいことはありません。

株式会社ＯＪＴソリューションズ

本書に登場するトヨタ用語の解説

班長・組長・工長・課長

本書で登場するトヨタの役職。「班長」は、入社10年目くらいの社員から選ばれ、現場のリーダーとして初めて10人弱の部下をもつことになる。その後、数人の班長を束ねる「組長」、組長を束ねる「工長」、工長以下数百人の部下を率いる「課長」という順に職制が上がっていく。現在のトヨタでは一部呼称が変えられ、「班長」を「ＴＬ（チームリーダー）」と呼ぶ（本書では便宜上、「班長」を使用)。

改善

トヨタ生産方式の核をなす考え方。全員参加で、徹底的にムダを省き、生産効率を上げるために取り組む活動。今では数多くの企業で行なわれており、日本の製造業の強さの源泉ともいわれる。

自働化

トヨタグループ創業者・豊田佐吉の時代から受け継がれる「異常が発生したら、機械やラインをただちに停止する」というトヨタ生産方式の柱となる考え方。止めることによって異常の原因を突き止め、改善に結びつける。この考え方にもとづいて生まれたのが、異常発生を表示装置に点灯させる「アンドン」である。

5S

整理・整頓・清掃・清潔・しつけの頭文字をとって「５Ｓ」と呼ぶ。５Ｓは単にキレイに片づけるのが目的ではなく、問題や異常がひと目でわかるようにして、改善を進めやすくするのが目的である。

標準

現時点で品質・コストの面から最善とされる各作業のやり方や条件で、改善で常に進化させていくもの。作業者はこれにもとづきながら仕事をこなしていく。作業要領書や作業指導書、品質チェック要領書、刃具取り替え作業要領書などがある。現場の知恵が詰まった手引書でもある。

現地・現物

「現場を見ることによって真実が見える」というトヨタの現場で重視されている考え方。物事の判断は、現場で実際に起きていること、商品・製品そのものを見て行なうべきだとされる。

インフォーマル活動

職場を中心とした縦のつながりに対して、別の部署、別の工場の社員と交流会や相互研《けん》鑽《さん》の場、レクリエーションなどを通じ、横のつながりを活かしてコミュニケーションを図る活動。役職ごとの会（組長会、工長会など）、入社形態別の会などがある。

QCサークル

「Quality Control」の略。職場の中で、改善活動を自主的に進める集団のことで、トヨタの場合、４～５人ほどのメンバーで構成される。全員がリーダー、書記などの役割を分担し、職場の問題点の改善や、よい状態を維持するための管理活動を実践していく。

視《み》える化

情報を組織内で共有することにより、現場の問題の早期発見・効率化・改善に役立てること。図やグラフにして可視化するなどさまざまな方法がある。

【目次】

CHAPTER 1

生産性が上がる「改善」の習慣

LECTURE

CHAPTER 2

「現場力」を高める習慣

LECTURE

CHAPTER

3

コミュニケーション力を高める「チーム」の習慣

LECTURE

CHAPTER

4

最大の能力を発揮させる「人を育てる」習慣

LECTURE

編集協力／高橋一喜
本文デザイン・図版作成／高橋明香（おかっぱ製作所）
ＤＴＰ／ニッタプリントサービス

CHAPTER

1

生産性が上がる「改善」の習慣

CHAPTER 1

LECTURE 1

ラクをする

POINT

仕事は大変である必要はない。「ラク」にできるように改善することによって、よりムリなくよい仕事ができるようになる。

トヨタ生産方式を支えているのが、「改善」です。徹底的にムダを省き、生産効率を上げるために、今よりもさらによいやり方に変えていく。この改善活動を全社員で取り組んでいるところに、トヨタの大きな強みがあります。

改善は、言い換えれば、現場の「困った」を解決することでもあります。

どんな仕事にも「困っていること」があるはずです。「これまでずっとこのやり方で続けてきたから」という理由で、しかたなく続けている作業も存在します。

ＯＪＴソリューションズのトレーナーが改善指導を行なっている企業で、こんなことがありました。ある部品を取りつける生産ラインでは、作業者が毎回、床に置かれた箱の中から部品を取り出していました。そのたびに、作業者はかがまなければならないので、ひざや腰に負担がかかります。しかし、ずっとこの方法で作業をしてきていたため、作業者は不満を口にすることなく、この動作を繰り返していました。

そこでトレーナーは、作業者がわざわざかがまなくても部品を取り出せるように、作業台の上に部品を置くスペースをつくるようアドバイスしました。すると、体をほとんど動かすことなく、部品を取り出せるようになり、作業スピードもアップ。何より作業者が、「これまでよりずっとラクになった」と喜んでくれました。

トレーナーの井上陸彦は、こう言います。

「困りごとは、改善を生む〝金の卵〟です。現場で困っていることに手をつけて、ラクに仕事ができるように変えていく。困りごとの改善を繰り返すことによって、力を抜いて快適に仕事ができるようになるのです。また、そうすることで、短い時間で正確な仕事ができるようになります」

トレーナーの中田富男も、「仕事の生産性を高めるには、ラクにできるという視点をもつことが重要だ」と話します。

「私はトヨタ時代、改善支援のため南アフリカの工場に20回以上も行ったことがあります。当時、現地の作業者には、まったくトヨタ生産方式が浸透しておらず、2S（整理・整頓）を教えるだけでもひと苦労でした。何しろ、工場をキレイにしてしまったら、清掃作業で食べている人たちの仕事を奪うことになる、というのが彼らの言い分だったわけですから。日本でやってきた常識をそのまま当てはめても通用しないのです。

それでも、清掃の作業員には代わりの仕事があるということを丁寧に説明し、5Sや改善の効果を示すことによって、しだいに浸透していきました。たとえば、部品や工具を近くに持ってくることで、作業がしやすくなり、生産性が高くなることがわかると、積極的に改善に取り組んでくれるようになりました。『ラクになる』は、全世界で通用する考え方だといえます」

「ラクになる」ことを嫌がる人はいません。手っ取り早くモチベーションのアップにつながるため、人が知恵を絞り、自ら動くようになります。

「代替できないか」を考える

オフィスワークでも、面倒だけれど続けている仕事、時間ばかりかかって苦痛な仕事など困っていることがあるのではないでしょうか。

たとえば、飛び込み営業。新人営業だと度胸をつけたり、ベテラン営業でも今までにない切り口のニーズを発見できるメリットもあります。しかし、断られてばかりで効率が悪いと感じている営業担当者であれば、ＳＮＳなどインターネットを活用したり、セミナーと称してお客様を集めたりすることを検討してみる。「飛び込み営業がうちの伝統だ」といった理由だけで続けているのであれば、やり方を変えると、より成果が出るかもしれません。

「会議が多い」「会議が長い」といった悩みを抱えているなら、他の方法で代替できないかを考えてみる。報告がメインの会議であれば、メール連絡のみで済むかもしれません。あるいは、そもそも必要のない会議があるかもしれません。

「こっちのほうがラクになるのではないか」という発想をもつことによって、仕事の改善は進むのです。

「困りごとはない？」

この質問は、一生懸命仕事をしているけれど、結果がともなっていない人を指導するときにも有効です。

たとえば、規定の時間内に作業を終えることができない状態が続いている作業者がいるとします。このような人は、焦りを感じている一方で、心を閉ざしがちです。

そこで、「困りごとはない？」と問いかけてあげる。すると、「別に……」などとそっけない言葉しか返ってこないかもしれませんが、少なくとも「あなたに興味をもっています」というメッセージにはなります。

そして、「こうすればラクになるよ」とヒントをあげる。たとえば、部品をとりに行って時間がムダになっているのであれば、「部品をもっと近くに置いてみたらどうだろう」とささやきます。

個人レベルでは、**「生産性が上がる」**などと言うよりも、**「ラクになるよ」と言ってあげるほうが効果的です。**実際にラクにできるようになり、困りごとのひとつが解消されれば、心を開いてくれるようになります。

CHAPTER 1

LECTURE 2

「標準」をつくる

POINT

型やフォーマットが決まっていないから、品質や生産性にブレが生まれる。トヨタには、「標準」という名の型がある。

「どこが問題だかわからない。どうすれば問題が見えるのか？」

トレーナーが改善指導を行なっている会社の経営者や管理監督者から、よくこんな質問をされます。

「標準」とは、現時点で最善とされる各作業のやり方や条件のこと。作業者は、これにもとづいて仕事をこなしていきます。簡単にいえば、「このやり方でつくれば、うまくつくれる」という取り決めです。

標準を守れば、誰が作業をしても同じ成果が得られるようになっているので、バラツキはなくなり、仕事の質も高くなります。

具体的には、作業要領書や作業手順書と呼ばれるものが「標準書」に該当します。

たとえば、ある部品のボルトを締めるという作業で、「しっかり締めるように」と指示されても、「しっかり」の度合いには個人差があります。しっかり締めたつもりでも、ボルトの締めつけがゆるくて、不良が発生してしまう可能性があります。

しかし、「カチッという音がするまでボルトを締める」という標準が決められていれば、誰が作業をしても同じ強さでボルトを締めることができます。標準とは、誰がやっても同じものができるしくみなのです。
トレーナーの小倉良也は、**「問題点が見えない最大の原因は、標準がないからだ」**と断言します。

「ある指導先の工場長も『どこに問題があるかわからない』と嘆いていた一人。彼の案内で作業する様子を見学していたら、たまたま若手の作業員がミスをして、ラインが一時止まってしまいました。それを見た工場長は、バツが悪そうに『彼は腕がまだまだで……。ちょっと筋が悪いんですよ』と言いました。
これを聞いた私は、すかさずこう指摘しました。『工場長、彼が悪いのではありません。標準とされている作業手順がまずいのです。まさにそこが改善すべき問題点ですよ！』。若手社員や腕の悪い人であっても、誰もができるような標準が決まっていないから失敗してしまう。だから、まずは標準作業を決めて周知する必要がある、とその場で説明しました」

標準があれば、問題のありかが見えやすくなります。たとえば、作業者がカチッと音がするまでボルトを締めていない場合。「カチッと音がするまでボルトを締めること」が標準であれば、それは標準から外れており、結果的に不良の原因として見つけやすいですが、標準が決められていなければ、問題に気づきにくいでしょう。

トヨタでは、作業の標準を決めることが基本になっているからこそ、誰でも問題を発見することができ、未然に不良やトラブルを防ぐことができるのです。

標準に記載する3つのこと

トヨタでは、作業要領書のような標準に、おもに次の３つが記載されています。

❶手順（仕事をするための順序）
❷急所（仕事の成否を左右するポイント）
❸急所の理由（なぜそうするのかを示す根拠や背景）

「急所」とは、言い換えれば、仕事や作業をやりやすくしたり確実に成功したりするための勘やコツということができ、生産の現場では「カンコツ」とも呼ばれています。

ポイントは、作業の肝となる手順ごとに急所と、その急所を押さえる理由が記載されていることです。

たとえば、「ホースを部品に組みつける」という作業の手順のひとつに、「ホースを押し込む」というものがあるとします。

このときの急所は、「回しながら端から5ミリのところまでホースを押し込む」、急所の理由は「ガスが漏れてしまうから」です。

端から5ミリの部分をクリップで固定するのがベストであることが標準化されていれば、作業者個人の感覚で固定することを防ぐことができ、結果的にガス漏れも発生しなくなります。カンコツを実行する理由もわかれば、作業者は腹に落ちた状態で作業に取り組むことができます。

なお、**標準書は、誰が見ても理解できるように、記述する必要があります。**いくらくわしく書いてあっても十分に理解するのがむずかしく、できる人とできない人に分かれてしまうようでは困ります。

「作業要領書」(標準)の例

作業要領書

作業:ホースの組みつけ

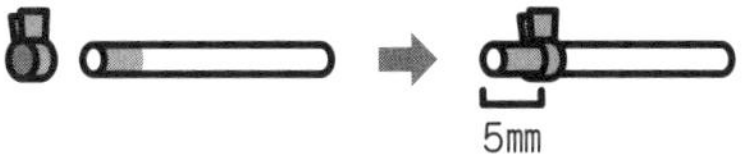

手順 (仕事をするための順序)	急所 (仕事の成否を左右するポイント)	急所の理由 (そうする根拠や背景)
①クリップにはめる	ホースの色のついた先端を	入らない
②ホースを押し込む	回しながら端から5㎜のところまで	・入りやすい ・ガスが漏れる
③クリップで固定する	ホースがズレないことを確認してから	ガスが漏れる

簡潔かつ具体的な表現にする

急所+手順で、ひとつの文章になるとよい

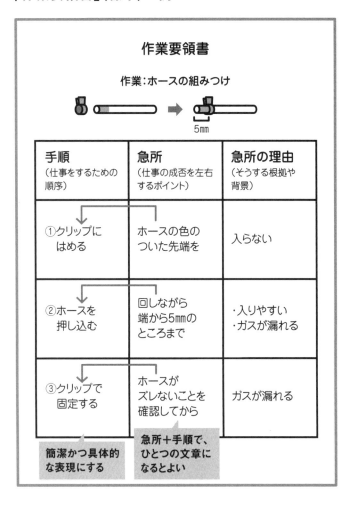

ポイントは、「急所（カンコツ）」が簡潔な文章で表現されていること。そして、ビジュアル的に見やすいことです。ラインが動いている現場で標準書を熟読する時間はありませんので、短時間で確認できるように見た目にも気を遣うことが大切です。

トレーナーの小倉良也は、こう言います。

「料理のレシピも、いわば標準書の一種です。昔のレシピは、文字だけで手順が記載されていたので、どうしてもつくる人によって差が生まれてしまった。しかし、その後、写真を使った見やすいレシピがどんどん出てきて、失敗することが少なくなりました。今ではインターネット上に動画のレシピもアップされているので、誰でもおいしい料理をつくりやすくなっています。標準書も同じで、誰もが同じレベルの作業ができるように、『見てすぐわかる』ものにしたほうが生産性は上がります」

たとえば、大事な部分を太字にしたり、色をつけたりするのも方法のひとつ。文章だけで伝わりにくい部分は、写真やイラストで示すことも必要です。

場合によっては、作業の一部始終を動画に記録しておき、いつでも見られるようにしておいてもいいでしょう。

「急所」を視《み》える化する

どんな仕事にも、ある程度の作業手順はあるはずです。しかし、その手順を整理して、急所を視える化している職場は多くありません。

特に個人の裁量に任されがちなオフィスワークなどは、人によって作業手順が異なり、急所がブラックボックス化している可能性があります。

どんな仕事や作業にも、その成否を左右するような「急所」が存在するはずです。

たとえば、企画書を作成する仕事であれば、「根拠となるデータや数値を入れる」ことがカンコツかもしれませんし、不動産販売の仕事であれば、「家族構成を把握し、そのニーズに合った提案をする」ことが急所かもしれません。

標準を作成することは、問題を見えやすくするだけでなく、仕事をやりやすくし、確実に成功させるためにも必要なことなのです。

CHAPTER 1

LECTURE 3

ルールは「風化防止」で成否が分かれる

POINT

「ルール」は守られなければ意味がない。トヨタには、決めたルールを実行させるしくみと習慣がある。

発生する問題の大半は、過去にも発生した問題です。トヨタでは問題が発生したら、改善をして再発しないような対策をとるのですが、それでも再発してしまうことがあります。

再発した問題の原因を調べていくと、多くは**「やるべきことをやっていなかった」、つまり標準を守っていなかった**ということに行き着きます。

「標準は決めただけでは意味がない。風化防止のための活動が必要になる」と話すのは、トレーナーの近江卓雄。

「以前、私が所属していた部署で問題の再発が頻発したため、当時の上司が『風化防止活動』と銘打って、標準を順守することを徹底しました。管理監督者が現場のチェックを習慣にする、という地道な活動でしたが、結果的に重要工程での不良率が激減しました」

風化防止活動の柱は、次の2つ。

❶日常点検
❷定期点検

❶日常点検は、班長や組長といった直接の作業者による毎日の点検です。

一方の❷定期点検は、工長や課長などの管理監督者が週に1度などの定期的な頻度で、現場で標準が守られているかをチェックするものです。どこの工程を点検するかは事前に知らされていないので、現場は日頃から緊張感をもって作業に当たることになります。

問題発生は、標準自体が悪い、標準の教え方が悪いというよりも、標準が順守されていないことが原因であることがほとんどです。

標準のような基本を徹底できるかどうかは、管理監督者がどれだけ高い意識をもって取り組んでいるかで決まります。

「風化防止のための定期点検フォローシート」の例

決めたことが決めた通りに実施されているか、
管理監督者が定期的に現場をチェックする

風化防止工程巡回フォローシート

評価方法や評価基準を明確にすることで、管理監督者による評価のブレを防げる

評価基準	評価点
帳票がない	1点
掲示ができていない	2点
活用が不十分(未記入など)	3点
管理の道具として活用できている	4点

（A工程）

	フォロー項目（何を）	点検ツール（何で）	評価方法	評価点	コメント
1	作業方法・手順	作業要領書&実作業	・要領書通りの手順、方法で作業をしているか ・変更時の改定ができており、活用されているか		
2	作業時間（サイクルタイム）	標準作業組合わせ票&実作業	・タクトタイムと実作業時間に乖離はないか ・標準作業票が掲示されており、生産計画の変更の都度改定しているか		
3	品質管理状況	チェックシート&良品率グラフ	・チェック基準（加工条件表）を守っているか ・不具合が層別に把握され、問題点の把握と対策ができているか		
12	人員&工程配置	工程配置図	誰がどの工程を担当しているかひと目でわかるようになっているか		
13	5S実施状況	5S実施計画	作業場の整理・整頓が行き届き、設備の裏側まで清潔に保たれているか		
	総合評価点				／

ルールが定着するかどうかは、
管理監督者のフォローにかかっている

凡事徹底は上司しだい

トレーナーの橋本亘も「標準などのさまざまな取り組みやしくみも、つくることがゴールではない。むしろ、つくったあとの取り組みが大事だ」と言います。

トヨタ時代に、橋本の担当する工程内の柱に台車がぶつかって、柱の塗装がはげ落ちていたことがありました。

台車が柱にぶつかるのは、事故やトラブルのもと。台車の運転が雑で、スピードを出しすぎているのかもしれませんし、荷崩れが起きて柱にぶつかったのかもしれません。万一、台車と柱の間に人が挟まったら負傷することになりますし、荷崩れを起こした部品が柱にぶつかれば、品質問題が発生するおそれもあります。

そこで、橋本は上司のアドバイスを受けて、柱をキレイに再塗装し、新しい傷ができていないか毎日チェックしていました。もしも柱の塗装がはげて、新しい傷がついていたら、問題発生のおそれがあるからです。

橋本は、「その上司は、『**誰でもできることを、誰にもできないレベルまでやるこ**

と』、つまり凡事徹底を口ぐせにしていた」と振り返ります。

「凡事徹底をやりきると、別世界を見ることができます。私が働いていたトヨタの工場は5Sが徹底されているので、敷地内にほとんどゴミは落ちていませんでした。凡事徹底の成果といえます。

ある日、従業員の一人が、敷地内の横断歩道にナットが落ちていることに気づきました。『こんなところになぜ?』と不思議に思っていると、別の従業員が『けん引台車の部品かもしれない』と指摘しました。敷地内を走るけん引台車をすべて点検すると、実際、けん引台車のタイヤのナットが外れていました。そのまま気づかずにいたら、タイヤが外れて大事故になっていたかもしれません」

凡事徹底していると、落ちているナットひとつからここまで気づきを得て、問題を未然に防ぐことができる。このエピソードからは、凡事徹底の大切さがあらためて理解できます。

片づけをしないと40時間のムダが生まれる

凡事徹底の典型例のひとつである「5S」について、もう少しくわしく説明しましょう。

5Sとは、「整理・整頓・清掃・清潔・しつけ」の頭文字をとったものですが、5Sを徹底することで、ムダが浮き彫りになり、改善すべき点が見つかります。5Sを徹底するだけでも、仕事に潜むムダがなくなるのです。

たとえば、デスクの上が書類で山積みになっていて、目当ての書類を取り出すのに時間がかかっているとします。

1回1回の時間は短いかもしれませんが、これらが積み重なると、大きな時間のロスになります。

1日10分を探す時間に当てていれば、1週間で50分。1カ月で200分、1年間では2400分（40時間）に達します。何も生み出さない時間が、これだけあれば生産性の面でも大きなマイナスとなります。

整理・整頓は、不要なものを捨てて、必要なものをすぐに取り出せるように、決められた場所に置くことです。非常にシンプルなルールですが、これを徹底するだけで生産性向上に大きく寄与するはずです。

みなさんの職場でも、決めたけれど、そのまま放置されているルールやしくみはないでしょうか。一度決めたら、徹底的にやりきる。そうすることで、初めて成果を得ることができるのです。

CHAPTER 1

LECTURE 4

仕事は3つに分ける

POINT

今、当たり前にやっている仕事にもムダが潜んでいる。作業を3つに分けることで、そのムダが見つかる。

ひと口で「作業」といっても、付加価値を生む作業と、付加価値を生まない作業が存在します。

トヨタには、作業を次の3つに分けて考える習慣があります。

❶正味作業
❷付随作業
❸ムダ

❶正味作業とは、まさに付加価値を高める作業のこと。生産現場でいえば、材料や製品を加工したり、部品を組み立てたりといった作業が該当します。オフィスワークでいえば、企画書立案時に、パソコンに向かって企画書を書く作業は、付加価値を生んでいるので正味作業といえます。

❷付随作業は、付加価値を直接生むことはないけれど、今の作業条件のもとでは必要不可欠な作業のこと。生産ラインでいえば、部品の梱包《こんぽう》を解いたり、部品をとり出すといった行為が、付随作業に当たります。オフィスの場合、企画書を作成す

るために情報収集をするのは付随作業といえるでしょう。

現在は必要不可欠な作業であっても、うまく工夫をすれば、ムダとして取り除けるのも、付随作業の特徴です。

仕事に潜む「7つのムダ」を見つける

❸ムダは、その名の通り、必要のないものです。トヨタにおけるムダとは、「付加価値を高めない現象や結果」のこと。生産現場では、「付加価値を生まず、原価のみを高める生産の要素」をムダとしています。

たとえば、部品が届くのを待っている手待ちの時間や、何度も部品や工具をとりに行くこともムダです。

トヨタの改善活動とは、まさにこのムダを省くことだといえます。

トヨタでは、仕事を始めるとき、または作業改善をするときに、まずは作業の一つひとつを、先ほどの❶正味作業、❷付随作業、❸ムダの3つに分解することが習慣になっています。

「この作業は何のためにしているのか」と自問自答をしたうえで、自分の仕事を3つに分類してみます。そして、浮かび上がってきたムダを徹底的に省いていく。そうすることで、仕事のスピードと質がアップするだけではなく、ムダのない付加価値の高い仕事に生まれ変わります。

たとえば、企画書をつくるときも、内容の確認をするために上司を探しまわったり、ほとんど読まれない添付資料をつくったりといったムダを省くことで、仕事の価値を高めることができます。

なお、トヨタではムダを発見するために、次の7つの視点から作業を分析していきます。

❶つくりすぎのムダ
❷手待ちのムダ
❸運搬のムダ

❹加工のムダ
❺在庫のムダ
❻動作のムダ
❼不良・手直しのムダ

トヨタでは、これらを「7つのムダ」と呼んでいますが、こうした項目に絞って観察することでムダを発見しやすくなります。

もちろんすべてのムダを7つに分類できるわけではありませんが、「この仕事に動作のムダはないか?」「この仕事に運搬のムダはないか?」と特定の項目に集中すると、ムダが見つかりやすくなります。ぜひ試してみてください。

仕事に潜む「7つのムダ」

1 つくりすぎのムダ

必要な量以上に多くつくったり、必要なタイミングよりも早くつくったりすること。
例）3部で済む詳細資料を10部コピーする。

2 手待ちのムダ

作業者が次の作業に進もうとしても進めず、一時的に何もすることがない状態。
例）前工程のデータの取りまとめが遅れ、企画書作成に着手できない。

3 運搬のムダ

付加価値を生まない歩行、モノの運搬、情報の流れのこと。
例）席とコピー機の間を何度も往復する。
必要ないのに、何度も上司に情報確認をする。

4 加工のムダ

本来必要とされる品質の確保には貢献しない不必要な加工のこと。
例）社内の関係者限定の資料なのに、アニメーションや装飾に凝った資料をつくる。

5 在庫のムダ

必要のない完成品、部品、材料などの在庫品。
例）発注翌日に到着するオフィス文具を1カ月分も持っている。

6 動作のムダ

付加価値を生まない動きのこと。
例）資料をとるために、手を伸ばす動作。部品をとるためにかがむ動作など。

7 不良・手直しのムダ

廃棄せざるをえないものや、やり直しや修正が必要な仕事をしてしまうこと。
例）1週間前と同じミスを繰り返す。

CHAPTER 1

LECTURE 5

「汚れ」を見逃さない

POINT

大きな問題も、元をたどれば小さな問題の積み重ね。「汚れ」も放っておくと、大きな問題に発展してしまう。

「汚れ」があるところに改善すべき点が潜んでいます。

たとえば、床がオイルで汚れていたら、どこかの機械でオイル漏れが生じている可能性があります。そのまま放置すれば、機械が止まってしまったり、人がすべって転倒したりするなど大きな問題になりかねません。

また、資材の削りかすが放置されていれば、そのかすが機械のすきまに入り込んで不具合を起こす危険性があります。

「汚れ」が問題やトラブルの前兆になることもあります。

トレーナーの井上陸彦は、「塗装部門で働いていたとき、それまでの白色の作業着を紺色に替えた経験がある」と言います。

車の水漏れを防いだり、気密性を高めたりする目的で使用される「シーラー」というペースト状の材料がありますが、塗装の作業中にこのシーラーが作業着につくことがありました。本来、シーラーは作業着についてはいけないもの。作業着につくということは、車の部品にもつく可能性があるということですから、対処しなければならない問題といえます。

しかし、シーラーは白色なので、同じく白色の作業着についたとしても判別がしにくく、問題に気づくことができません。そこで、井上の塗装部門では、紺色の作業着に替えることで問題を見えやすくしたのです。

目の届かないところは汚れやすい

トレーナーの濵﨑浩一郎は、「目が届きにくいところは汚れやすい」と言います。

「人は『よく見せたい』という気持ちから、外から目につきやすい場所はキレイにしておく傾向があります。一方で、目に見えない場所は乱れやすい。トヨタ時代の現場確認では、よくキャビネットやロッカーの中を点検していました。キャビネットの中には、ドリルなどの工具が無造作に入れられ、しかも刃が摩耗していたりする。こんなドリルで作業をすれば不良が生まれますし、安全面も保証できません。小さな乱れから、大事故は起きるものなのです」

2〜3時間もラインが停止するような大問題は、突発的に起きるわけではありません。**汚れのような小さな問題を見逃すことが積み重なって、大きな問題が発生するのです。**

大きな問題も真因（問題を引き起こす真の原因）を探っていくと、もともとは1本のボルトのゆるみのような小さな原因なのはよくあること。雨後のたけのこのように次々と発生する小さな問題を、きちんと発見し、対策をしていく。これを徹底していれば、大きな事故やラインが長時間止まることはないのです。

トレーナーの濵﨑は、こんな経験をした、と言います。

「かつてトヨタの現場で、ロボットが扉にぶつかって、長時間ラインが止まってしまう事故が起きたことがあります。真因を追究していくと、扉を開閉するシリンダーの連結部分の1本のボルトのゆるみが関係していることがわかりました。たった1本のボルトであっても、放置していたら長時間のライン停止のような大きな事故につながってしまうのです。一方で、日頃からしっかりとボルトの点検をしていれば防げていた事故ともいえます」

トレーナーの中上健治も、こう指摘します。

「短時間だけちょこっとラインが止まることを『チョコ停』といいます。機械が不具合を起こしたけれど、原因がわからないケースでは、とりあえず機械のリセットボタンを押せば、再び問題なく動くようなことはよくあります。ただ、チョコ停を繰り返しつつなんとかごまかしながら稼働させていると、いずれラインが長時間止まるような大きなトラブルになってしまいます。

小さな機械トラブルは、機械が悲鳴を上げている証拠。**小さいけれど頻発するトラブルは、早めに対処しないと、あとで大きな問題に発展しかねません**」

ちなみに、現在トヨタでは、「チョコ停」ではなく、「頻発停止」（小さいけれど頻繁に発生している現象）と表現しています。「チョコ」という響きが、作業者にたいしたことがない印象を抱かせ、問題の対処を遅らせうるからです。

オフィスでも、デスクの上が整理・整頓されておらず、書類が山積みになっていれば、大事な書類を紛失するかもしれませんし、必要な書類を探すムダな時間がかかっているかもしれません。

パソコン上のフォルダが散乱していれば、大量のファイルの中から必要なファイルを、目を凝らして探さなければなりません。あるいは、間違ったファイルを顧客先に送付してしまうかもしれません。

目に見えるところはもちろん、引き出しやキャビネットの中も整理・整頓を心がけることが問題の発生や時間のロスを防ぐことにつながります。

CHAPTER 1

LECTURE 6

仕事を止《と》める

POINT

問題を抱えたまま仕事をすれば、必ずどこかで悪い影響が出る。仕事を止めて、問題を解決する勇気が必要だ。

トヨタで徹底されている習慣のひとつに、「紐《ひも》を引く」というものがあります。

生産のラインには、「アンドン」という異常発生を表示装置に点灯させるしくみがあり、作業者のスペースには紐が張られています。

そして、何か異常が発生したときには、作業者はその紐を引っ張ることで異常を知らせて、ラインを止めるのがルールになっています。

アンドンの紐を引くと、現場の上司が1次対応をしますが、解決までに長時間停止せざるをえない場合には、各所から関係者が集まってきます。金型《かながた》の設計の問題であれば、現場の管理監督者、金型の設計者や生産者など、みんなで問題を起こした金型を囲んで、なぜ問題が起きたのか真因を追究し、「ああしたらいいのでは」「こちらのほうがいいかも」と議論が始まります。そして、問題を解決できたら、ラインを再び動かします。

このように「異常が発生したら、機械やラインをただちに止める」しくみを、トヨタでは「自働化」と呼んでいます。

トヨタで保全作業を担当していたトレーナーの中上健治は、「ラインを止めることの大切さ」をこう話します。

「保全のスタッフは、故障が発生してラインが止まったとき、いちばんに駆けつけ、問題が発生した現場そのままの状態を見ます。刑事ドラマでも現場保存をしますが、それと同じでラインを動かしてしまうと、真因がわからなくなってしまいます。現場には問題解決のヒントや問題を引き起こした真因の痕跡が残っているものです」

ここでのポイントは、紐を引いてラインを止めれば、問題の真因のありかを絞ることができることです。

今の時点で問題が発生しているということは、前工程までに真因があるということ。もし最後まで流れてしまったあとに問題が見つかったら、全工程を再チェックして、問題を引き起こした真因を探らなければなりません。その場合、時間も労力も膨大になってしまいます。

問題が発生した時点でラインを止めれば、「A工程とB工程の間に真因がありそうだ」と見当をつけることができます。つまり、効率的に問題への対応ができるのです。

問題発生後は、仕事を「止める」と付加価値が生まれる

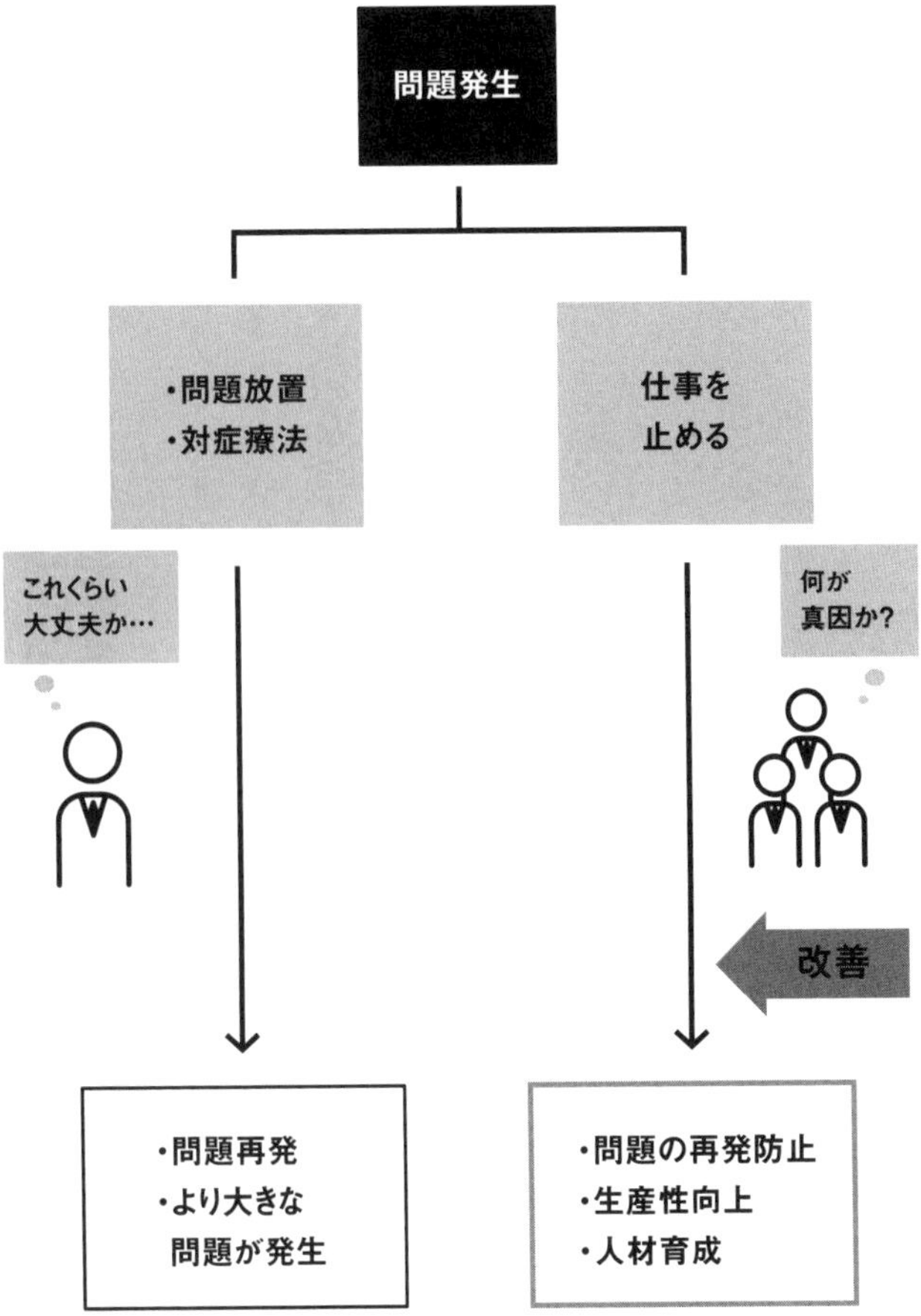

「悪い報告」を受け止める上司の度量も必要

ラインのストップにかぎらず、悪い情報はすぐに上司に報告するのも、トヨタの習慣のひとつ。**「バッドニュース・ファースト」といって、悪い報告こそ優先してすぐに伝えることが、ルールになっています。**

これもラインを止めるのと同じ発想で、問題やトラブルを放置すると、どんどん大きくなっていき、あとで大問題に発展する可能性があるからです。

問題が小さいうちに上司に報告して対応しておけば、問題が深刻になるのを防ぐことができます。

しかし、「悪い情報ほど隠したい」というのが人間の心理。なんとか自分で解決しようとあがいているうちに、取り返しがつかないほど問題やトラブルが拡大してしまうのはよくある話です。

ＯＪＴソリューションズの専務取締役である森戸正和は、「バッドニュース・ファーストを職場で実践するには、その報告を受ける上司の度量も必要だ」と言います。

「人間のすることですから、間違いや問題は必ず起きる。だからこそ、起きたあとの対応がポイントです。問題が発生したら、すぐに報告する。ためらう暇があると、『なんとかなるのではないか』『これがバレたら怒られる』などと余計なことを考えて、ますます報告が遅れることになります。

すぐに悪い報告をしてもらうには、それを受け止める上司の度量も問われます。悪い報告を受けたとしても、感情的に怒ってはいけません。むしろ、『報告をしてくれてありがとう』という態度で受け入れて対応策を考える。そういう意味では、上司には、胆力が求められます」

「悪い報告を受けたくない」という気持ちはわかりますが、上司がそこから目をそらそうとすると、部下も報告がしづらくなり、かえって問題がこじれていきます。問題は小さいうちに解決したほうが、上司にとっても職場にとってもプラスになります。

「バッドニュースを歓迎する」。そんな発想に転換することで、組織の風通しがよくなり、問題にもすばやく対応できる職場になります。

問題を正直に申告した人には「ありがとう」

トヨタではバッドニュースへの前向きさとともに上司に求められるのは、メンバー個人のせいにしないということです。

トヨタでは、アンドンの紐を引いてラインを止めた当事者が叱られることはありません。むしろ異常を発見し、アンドンを引いたら、「よく引いてくれた。ありがとう」と言われます。

もしアンドンの紐を引いたとき、「何をやってるんだ！」と上司に怒鳴られることがわかっていれば、異常や問題を隠したくなります。「このくらいは大丈夫だろう」「バレないだろう」と考えて、そのまま流してしまったら、後工程で大問題となる可能性があります。

隠されがちな失敗を表に出す秘訣《ひけつ》は、当事者を責めることなく、問題を引き起

こした原因にフォーカスすることです。

ある一人のメンバーが起こしたトラブルや問題は、同じ職場で働くメンバーであれば、誰もが引き起こす可能性があります。

「〇〇さんの対応がまずかった」と個人に責任を押しつけるのではなく、職場で同じトラブルが再発しないような対策を考えるのが上司の仕事です。

都合の悪いものは隠したがる。そんな人間のクセを理解したうえで、トヨタの現場では失敗や故障をオープンにし、それが再発しないような対策を考えるという習慣があります。この習慣は、**「人を責めるな、しくみを責めろ」**という言葉に凝縮されています。

つまり、問題が起きたとき、その作業者を責めるのではなく、作業者が失敗してしまうようなしくみを改善することが重要視されているのです。

CHAPTER 1

LECTURE 7

仕事は「問題探し」から始める

POINT

問題からは目を背けたくなるが、そのままにすれば必ず再発する。まずは現状を否定することが大切だ。

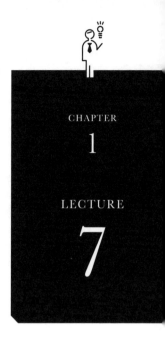

トヨタでは、「『問題がない』が最大の問題である」とよくいわれます。一見うまくいっているように見える仕事や職場にも、必ず問題があります。そして問題を発見し、それを解決することで、よりレベルの高い仕事が可能になるのです。

したがって、トヨタでは、**「今の仕事のやり方がベストではないと、常に疑問をもつこと」を大切にしています。**

ところが、一般的に「問題」は、やっかいなものとして毛嫌いされがちです。問題解決は、その問題を引き起こす真の原因（真因）を追究し、それを解決するのが原則。そうしないと、対症療法になりがちで、同じような問題が再発してしまいます。

トレーナーが改善指導に入ったある会社では、問題が発生しても、その真因をつぶそうという発想にはなりませんでした。問題の再発防止のための根本的な対策をとるのではなく、問題発生の有無をチェックする人員を増やす対症療法だけで終わらせてしまっていたのです。

チェックする人員を増やせば、問題が発生してもお客様に影響を及ぼす前に発見できるかもしれません。しかし、問題が発生する原因を取り除かないかぎりは、また同じ問題が再発する可能性は消えません。そして、また問題が発生したら、再びチェック人員を増やす……。この繰り返しになってしまうのです。

問題が発生したら、その真因を追究し解決する。そうすることで、仕事の質は向上していきます。そういう意味では、**問題は「やっかいなもの」ではなく、「宝の山」といえるのです。**

問題解決こそトヨタの従業員に必須の習慣

「問題解決を日々実践することこそが、トヨタの従業員が大切にしている習慣といえます」と話すのは、トヨタの人事部門のひとつ「トヨタインスティテュート」で国際的に通用する人材の養成プログラムの展開に従事し、現在ＯＪＴソリューションズで専務取締役を務める森戸正和です。

トヨタでは、２００１年に「個々人は日々何をよりどころにして仕事をすべきか」をあらわした、「トヨタウェイ２００１」を発表しました。トヨタの基本理念を実践するうえで、全世界のトヨタで働く人々が共有すべき価値観や姿勢を示したものです。トヨタウェイ2001を共有するために生まれたのが、社内人材養成組織であるトヨタインスティテュートです。

トヨタウェイ2001では、「知恵と改善」「人間性尊重」の2つの柱に、次の5つの価値観を示しています。

【知恵と改善】

❶チャレンジ
❷改善
❸現地・現物

【人間性尊重】

❹リスペクト
❺チームワーク

常に現状に満足することなく、より高い付加価値を求めて知恵を絞り続けること。そして、あらゆるステークホルダー（利害関係者）を尊重し、従業員の成長を会社（トヨタ）の成果に結びつけることが大切だとされています。

森戸はこう言います。

「私はトヨタウェイ2001にもとづく人材育成に携わる中で、これら5つの価値観はすべて現在の問題解決の中に含まれている、と感じました。問題を明確化し、現地・現物で真因を追究し、上司や部下が互いを尊重しながらチームワークを発揮して改善を続けていく。まさに問題解決を実践することが、トヨタウェイ2001を体現することになるというわけです。今のやり方に満足せず、問題解決に積極的に取り組むことこそ、トヨタの従業員にとって必要不可欠な習慣といえます」

現状を否定する

長い間、同じやり方で仕事をしていると、たとえ問題があっても、それが当たり前になってしまいます。

「問題のない仕事はない」と意識する習慣が大切なのです。

トレーナーの杢原《もくはら》幸昭は、「現状を見直すという選択肢を常にもつことが大事だ」と言います。

トヨタ時代に、協力メーカーへの出向からトヨタに戻ってきた新任の上司が、着任後、初めて参加した会議で開口いちばん、こう言い放ちました。

「数年前とまったく内容が変わっていない。惰性でやっているならやめてしまえ！」

経営環境がきびしい協力メーカーに出向していたこともあり、その上司はよりシビアな視点を身につけていたのでしょう。そのきびしい指摘に驚きましたが、たしかに「いつも通りでいいか」と問題意識をもたずに会議に参加していたのも事実でした。

その一件があってから、会議の内容を精査、進め方や指標についても見直しました。そして、本当に必要な会議だけを残し、惰性で行なっていた不必要な会議はやめるなどの対策をとりました。

当たり前にやっていることでも、現状を否定することを忘れてしまうと、問題が発生していても気づかないままになってしまうのです。

標準についても、例外ではありません。

標準は永久不変のルールではなく、現状をさらに改善し、よりよい状態へと書き換えるための途中段階と考えられています。その点、現場での変更を認めないマニュアルとは大きく異なります。

トレーナーの中上健治は、**「今日の標準は、明日の標準ではない」**と言います。

「トヨタの『ひょうじゅん』には、2種類あります。『表準』と『標準』です。『表準』(おもてひょうじゅん)は、これまで現場で実施されてきた、現時点でのありのままの状態のことをいいますが、『標準』は現場の人間の意思が込められた新しい決まりごと、いわばルールを指します。つまり、標準は不変のものではなく、常によりよい作業ができるように改善を繰り返すものだ、というわけです」

どんな職場でも、当たり前のように長年続けていることがあるでしょう。しかし、それは最善のやり方でしょうか。常に現状を否定し、新しいやり方を模索する。そういう職場は、生産性も向上していきますし、付加価値の高い仕事ができます。

※「問題解決の手法」についてくわしく学びたい方は、拙著『トヨタの問題解決』（KADOKAWA）を参考にしてください。

CHAPTER 1

LECTURE 8

単位を変える

POINT

問題が大きすぎると思考停止に陥ってしまう。小さく分解することで、改善に取り組みやすくなる。

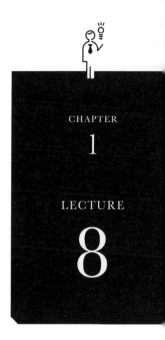

あまりに問題が大きすぎると、どこから手をつければいいかわかりません。高い壁を前に立ちすくんでしまいます。

トヨタでは**「ケタを変えろ」**という言葉がよく使われます。

たとえば、現在の不良発生率が5%だとしたら、「0・5%にしろ」という方針が上から示されます。ケタ違いの改善をせよ、というわけです。

5%から0・5%に不良率を低減するのは生半可なことではありません。個人の力ではどうにもなりません。

トレーナーの村上富造は、「ケタ違いの改善をするには、現場を知り尽くした人材たちに数字を振り分けることが有効だ」と言います。

「A君の工程で1%の低減を頼む」「B君の工程では1・5%を頼む」と現場を知り尽くしたリーダーたちに任せるのです。つまり、大きな問題や課題を細分化し、現実的な数字に落とし込むのです。

「10分の1にしてくれ」と頼んでも拒絶されるだけですが、それぞれのリーダーに数字を割り振り、競争させる。現実的な数字であれば、知恵を絞ってくれます。

つまり、ケタを変える改善をするには、現場を知り尽くした人材と、彼らをマネジメントする人材の両方が必要なのです。

「分単位」を「秒単位」に変換する

単位を小さくするだけでも、改善はしやすくなります。

ほとんど余裕のない生産ラインで、「20分のタクトタイム（工程作業時間）から1分縮めてほしい」という指示があると、現場の従業員は一瞬思考停止に陥ります。「ただでさえギリギリの作業をしているのに、さらに1分も作業時間を縮めるなんて無理だ」と。

トヨタの生産現場では、**「分単位」ではなく、「秒単位」で考えることが習慣になっています。**

たとえば20分のタクトタイムを秒単位に変換すると、1200秒になります。1200秒のうち、まずは「1秒縮めてほしい」と言われたら、従業員はグンと改善提案をしやすくなります。

トヨタでは、「3歩歩くと1秒」という基準がありますから、作業者が部品をとりに行くキャビネットを3歩分省略できるような改善をすれば、1秒の短縮ができます。このように「秒単位」に仕事を細分化することによって、一気に改善ができるレベルまで落とし込むことができるのです。

改善が進められない現場があるとしたら、それは「やる気がないから改善をしない」というわけではありません。**「改善に取り組めるレベルまで、テーマを落とし込めなかった」**ということが少なくないのです。

トレーナーの井上陸彦が、ある会社で改善指導をしたときのこと。改善が根づいていない職場で、作業者たちは、どうやって問題点を見つければいいかもわからない様子でした。そこで、「今日は歩行に注目しましょう」と言って、現場の作業風景をビデオカメラで撮影したところ、ある作業者の正味作業が10％程度であることが判明しました。遠くにある部品をとりに行って、また、トコトコと歩いて戻ってきて、部品を組み立てる。このような動作を繰り返していたのです。

これでは、製品をつくるために会社に来ているのか、歩くために会社に来ているのかわかりません。

歩行に注目することで、同僚はもちろん、作業者本人も問題があることにすぐ気づくことができました。このように、知識やコツを知ることで、改善すべき問題点が見つかりやすくなるのです。

営業プロセスを細分化する

オフィスワークでも、仕事のプロセスを細分化することで、仕事の生産性を上げることができます。

たとえば、まだ仕事に慣れていない営業担当者に、「今月は100万円の売上を上げてください」と言っても、何から手をつけていいかわからず、思考も行動も止まってしまいます。

しかし、次のように営業プロセスを細分化したらどうでしょうか。

「見込み客のリストをつくってください」

仕事を細分化すると改善点が見つかる

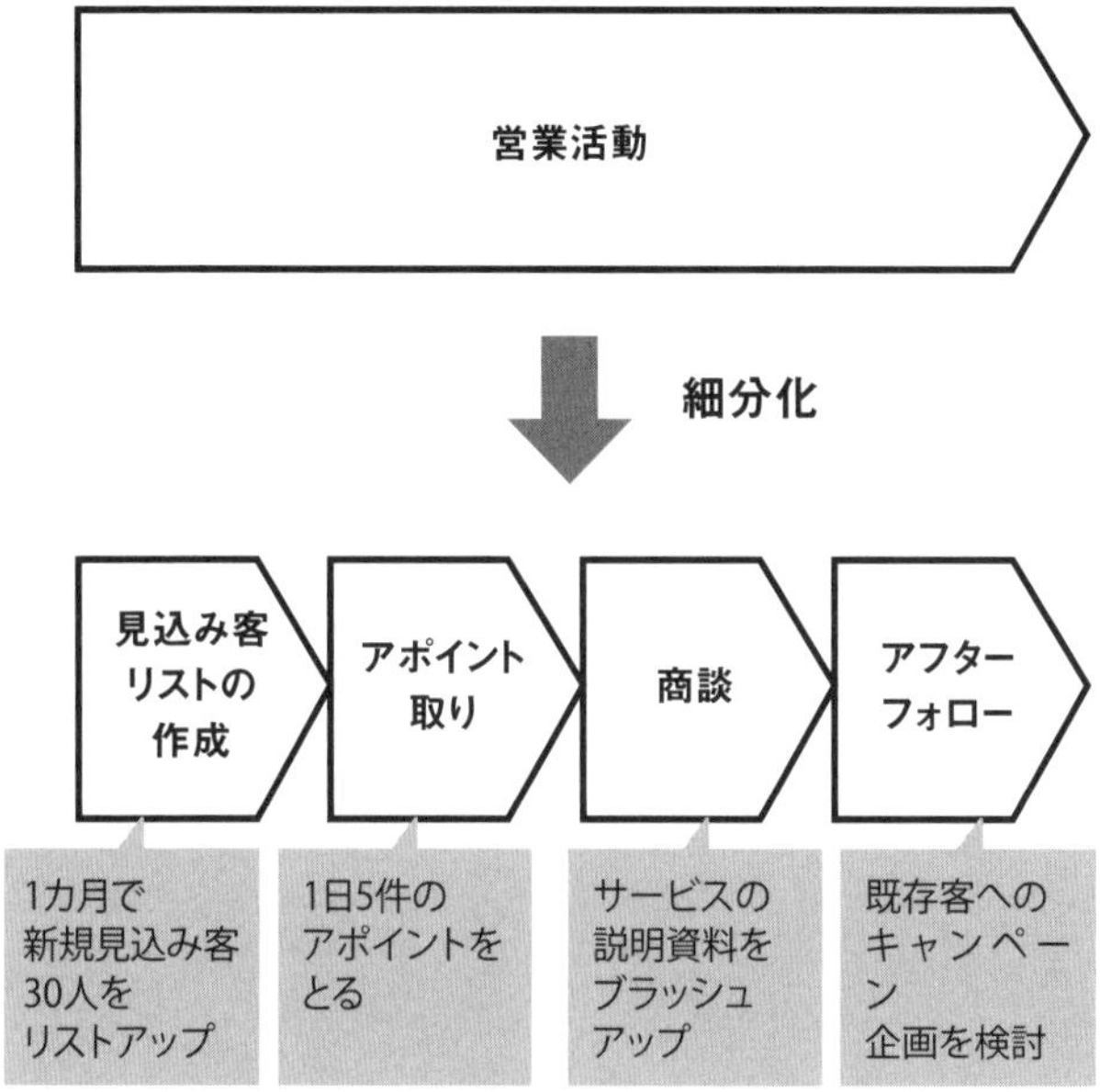

**仕事の「塊」をばらすと、
問題が見つかりやすくなる**

「1日5件のアポイントをとってください」
「1週間で25万円の売上を目指してください」

随分ハードルが低くなり、行動に移しやすくなるのではないでしょうか。

トヨタには、ホワイトカラーの業務革新活動として、1990年代後半に技術分野でスタートしたT-KI活動（Toyota Knowledge-intensive-staff Innovation）があります。その中で、このようなプロセス細分化のことは「課題ばらし」と呼ばれています。**メンバーが何から着手すればよいかわからず、作業がストップしている場合、ほとんどは作業が「チャンク（塊）」のままになっています。**これを上司や先輩が一緒になって課題ばらしを行ない、業務の順番（段取り）を決めていきます。そうすることで、本人は着手すべき順番がわかるのです。また同時に、課題に対して一人で取り組んでいた疎外感から解放され、チームワークも活性化されます。

仕事のプロセスを取り組みやすい単位に細分化することで、改善が進み、ひいては生産性を向上させることができるのです。

CHAPTER

2

「現場力」を高める習慣

CHAPTER 2

LECTURE 1

「現地・現物」で議論する

POINT

会議室での議論や資料には「ウソ」が含まれることがある。実際に「現場」を見る習慣をもつことで本当の問題や解決策が見える。

先ほど述べたように、トヨタには「現地・現物」という言葉があります。「現場を見ることによって真実が見える」という考え方で、問題が起きたときも、実際に現場で起きていることや商品・製品そのものを見て判断を下していきます。会議室での議論や資料・データだけでは、真実は見えてこない、というわけです。

問題が起きたとき、人の言うことを信用することは大切ですが、人はどうしても防衛本能が働くので、100%正直に報告するとはかぎりません。自分に都合よく事実をねじ曲げてしまう可能性もあります。

一方、**現場にある現物（商品・製品）は、ウソをつきません。**現物を見れば、何が事実であるかが見えてきます。そのため、トヨタの上司は、会議室での部下の報告に頼るのではなく、実際に自分の目で現物を見て、何が起きているのかをつかむようにしているのです。

トヨタのある役員は、近くの工場で機械の保全を担当していた従業員が作業中にケガをしたと聞き、夜遅くだったにもかかわらず、すぐさま工場に直行。事故の起きた機械の下に潜り込み、どのような状態で作業をしていたのか、「現場」で確認しました。実際に体感することで、見えてくることがあると考えたのでしょう。

床は油で汚れ、視界があまりきかない暗い空間に自ら入っていき、現場の責任者に「こんなに暗くて狭い空間では事故が起きてもおかしくない。すぐに対策をしてほしい」と指示を出しました。

現地・現物で確認するという習慣は、役員になっても体に染みついている、ということを示すエピソードです。

「現物」は改善につながる宝

トヨタでは、そのような考え方が浸透しているので、改善するための〝宝〟として「現物」を扱う習慣があります。

トレーナーの中上健治は、「故障した現物は、真因がわかるまで捨ててはいけないというルールがあった」と話します。

「重大な故障が発生した部品には、問題解決につながるような重要なヒントが潜んでいるものです。現場の作業者にとって故障部品は都合の悪いものなので、すぐに処分したい気持ちになりますが、必ず保存しておく。かつて、部品を捨てた部下に『すぐに回収してこい！』と言って廃棄物置き場まで走らせたこともあります。

問題の真因がわかった時点で現物は捨てますが、それまでは工場の目につく場所に展示されます。言葉は悪いですが、見せしめにするのです。もちろん、当事者への戒めが目的ではなく、『現物』の中に改善のヒントがあるということを周知徹底するためです」

トレーナーの近江卓雄も「現物には、表面化していない改善のネタがたくさん眠っている」と話します。

「トヨタ時代、上司から『**朝、廃品置き場を見ておきなさい**』と指示されたことがあります。最初は意図がわからなかったのですが、実際、見に行くと不良品が捨てられていました。今のように現場の管理がしっかりしていなかったので、都合の悪い不良品を現場の判断で勝手に廃棄することができたのです。

現場の作業者は、不良品が出たら、上司に報告書を書かなければならない。それが面倒だったから捨ててしまったのでしょう。上司もそれを見抜いていたから、私に指示を出したのです。実際、捨てられた『現物』は改善のネタの宝庫でした」

個人の仕事がブラックボックス化しがちなオフィスワークの場合も、「現地・現物」の姿勢が重要になります。

当事者である部下の報告をうのみにするのではなく、トラブルが起きた現場を直接知るためのアプローチをする。そうすることによって、部下の報告からは見えてこなかった真因に気づくことができます。

たとえば、クレームが発生した現場に部下とともに出向いた場合。部下は商品の品質がクレームの原因だと言っていたとしても、実際には部下の応対のまずさが原因であることがわかるかもしれません。

可能であれば、部下とともに直接顧客先に行く機会をつくるのもいいでしょう。それを糸口に、問題の本質に迫れる可能性もあります。

「現地・現物」は改善の宝庫

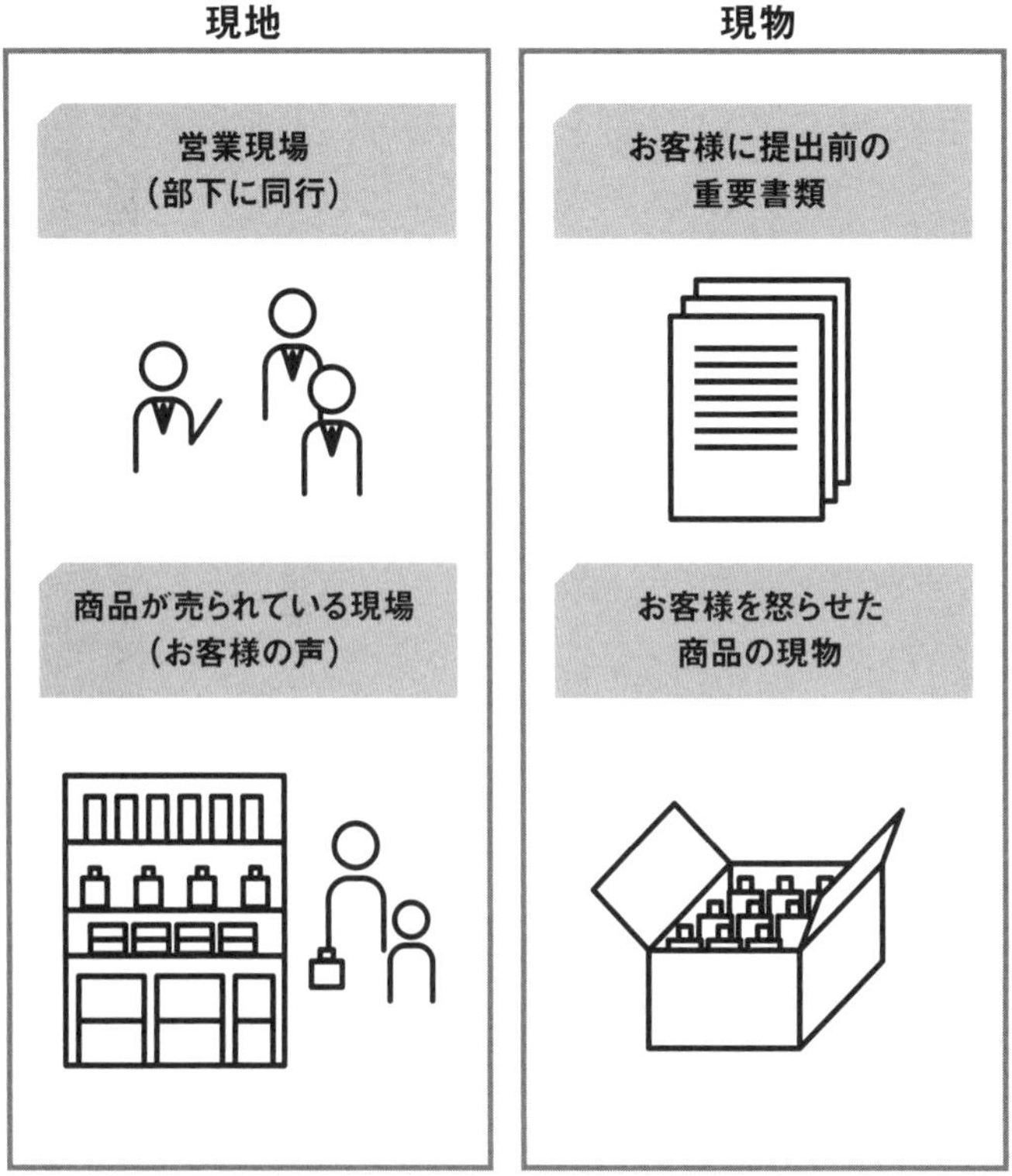

現地・現物で得た情報から、
問題の本質に迫ることができたり、
状況を打開する解決策が見えてきたりする

「現物」を会議室に持ち込む

「現物」は、部下にとっても、心強い味方になってくれることがあります。

トレーナーの中上健治は**「上司に報告する際に、現物を示すとすぐに理解してもらえる」**と言います。

「問題が起きたら、上司に報告をしなければなりませんが、『現物』がないとなかなか相手に伝わらず、時間もかかります。それを避けるためにも、会議室に『現物』を持っていけば、どんな問題が起きて、どんな対策を施そうとしているのかが一目瞭然です。上司も当事者に根掘り葉掘りヒアリングするムダを避けられます。だから、会議室に入るような『現物』であれば、必ずそれを持ち込んでいました。そういう意味では、『現物』は宝といえますね」

「現物」はトラブルのときだけでなく、プレゼンテーションなどの場でも効果を発揮します。

たとえば、新商品開発に向けた会議で、いくら文章と口頭で新商品案を説明しても、なかなか参加者にイメージは伝わらないものです。斬新な商品であれば、なおさらでしょう。イメージのわかないものに共感する人はいないので、反対されるのがオチです。

このようなとき、手づくりでもいいので試作品を用意したり、デザイン画を提示したりすると、イメージが明確になり、前向きな議論になることがあります。

仕事で成果を出す人ほど「現物」を重視しているのです。

CHAPTER 2

LECTURE 2

「ミスしたくてもできないしくみ」をつくる

POINT

ミスを人のせいにするのは簡単。トヨタでは、「人を責めるな、しくみを責めろ」が習慣になっている。

職場には、何度も「気をつけるように」と言われているにもかかわらず、順守されていないルールが存在します。

たとえば、「職場の整理・整頓が守られていない」「提出書類の不備が目立つ」……。このような問題には、どう向き合えばよいのでしょうか。

問題解決の対策には、2つの種類があります。

❶人的対策
❷物的対策

❶人的対策は、ルールをつくって、人を啓発、教育して守らせる方法です。

❷物的対策は、物理的に守らざるをえないしくみをつくることです。

トヨタには、物的対策のひとつとして、「ポカヨケ」があります。製造ラインに設置される作業ミスを防止するしくみや装置のことで、たとえば、間違った手順で作業をしたら、ラインが自動的に止まるといったしくみです。万一、作業者が失敗したとしても、不良品は生産されないのです。

トレーナーの中田富男は、**「問題の再発防止をするには、人的対策だけでなく、物的対策を施すことが重要だ」**と話します。

中田がトヨタ時代に所属していた部門では、「ポケットに両手を入れて歩かない」というルールが徹底されていないことが原因で、転んでケガをする事故が連続して発生しました。もちろん、ルール化して「ポケットに両手を入れて歩かないように」と注意を促していたのですが、啓発活動などの人的対策だけでは十分に効果を発揮しなかったのです。

そこで、中田の部署では物的対策として、3カ月限定で作業着のズボンのポケットを縫いつけて、物理的に手を入れられないような対策をとりました。手を入れたくても入れられないので、当然のことながら両手をポケットに入れる人はいなくなり、縫いつけるのをやめた3カ月後も、意識が変わって両手をポケットに入れる人は激減しました。

一方で、人的対策もこれまで以上に徹底しました。役職に関係なく、ルール違反を犯した者には「ポケットに手を入れるな！」と注意できるルールを周知徹底したのです。部下が上司に対して指摘できるようにしたことで、ルールを徹底して守るという風土が醸成されていきました。

人的対策に偏っていないか

もうひとつ、物的対策の例を挙げましょう。

トレーナーの中田が所属していた職場では、生産ラインの切れ目から通路に人が出入りできるような配置になっていました。ところがこの通路は、人だけでなくリフトなどの車両も通ります。

トイレなどに急いでいる作業者が、通路に飛び出して、リフトなどと接触してケガをする事故が何度か起きていたのです。通路への出入り口に「止まれ」の掲示もあったのですが、効果が出ていなかったのです。

そこで、施した物的対策は、通路への出入り口にわざと曲がり角をつくることでした。曲がり角でスピードダウンすることになるので、通路に飛び出すことは物理的にできません。しかも、飛び出せないようなつくりにしたことで、慎重に通路に出る人が増えました。

問題解決は、人的対策に偏りがちです。そして問題が再発すると、「なぜルールを守らなかったんだ！」と人を責めます。

トヨタでは「人を責めるな、しくみを責めろ」という言葉があります。だから、ルールを守らなかった人を責めるのではなく、ルールを守らせるしくみが不十分だったことを問題にするのです。

人的対策に偏っている職場には、注意喚起のポスターがたくさん貼られています。これは、問題発生後に根本対策がとられずに人的対策に偏っている、あるいは対策が徹底されていないときの傾向です。みなさんの職場はどうでしょうか。実は、注意喚起ポスターの少なさは、現場の実力値を測るひとつの指標になるのです。

「姿置き」で整理・整頓を徹底する

あなたの職場でも人的対策に偏ってはいないでしょうか。人的対策と並行して物的対策をとることで、防げることも数多くあります。

たとえば、ある提出書類に記載すべき内容にヌケ・モレがよく見られるという場合、書類をどう作成するかが個人の裁量に任されていることによって問題が起きます。そこで、**書類のフォーマットをつくり、可能な範囲で記入項目もリスト化する。**そうすれば、ヌケ・モレのある項目は空欄になるため、自分で気づくことができます。上司も書類をチェックしやすくなるでしょう。

このとき、たとえば申請書類の中に、「領収書は添付したか?」「経費精算書は申請したか?」などと注意を促すチェック欄を設けておく、あるいは発注書に「書類提出と同時にA倉庫（Tel：03-××××-××××）に電話」と入れてチェック欄をつくっておくといった工夫をすれば、重要な行動をうっかり忘れるという事態も防げます。

また、オフィスの備品や共有の文具などがよく紛失するという場合も、物的対策で防げます。

トヨタでは、ドライバーやスパナなど工具の置き場所を決めたら、その戻すべき場

書類に物的対策を施すことでミスを防げる

〈申請書の物的対策の例〉

顧客別懇親会費用 申請・結果報告書

顧客名
○○商事

分類 ※○をつけること（予算上限）	商品A（150千円以内）	商品B（50千円以内）	商品C（100千円以内）	商品D（250千円以内）

計画・申請			
期日	2017 年 12 月 12 日（火）		
懇親会	顧客（氏名・職位）	当社（氏名）	出席人員
	○○商事株式会社 ××部長	鈴木	顧客 5 名 当社 3 名 計 8 名
その他	顧客への手土産等		

予算	石川専務	所属長	営業	総務部
総額 10万円				

実施結果（領収書は経費精算書に添付）
計画と異なった場合に、その内容を記入（期日、出席者など） ○○商事側に1名追加
実施状況 予定通り12月12日、××亭にて開催。

		酒井専務	所属長	営業・事務局	総務局
実績	9 名 12万 円				
累計	12万 円				

【チェック欄】

□ 領収書は添付したか?　□ 経費精算書は申請したか?

物的対策のポイント

所に、工具の形状をかたどって示しておきます。これを「姿置き」といいますが、もし誰かが、工具を使っていて戻していない場合は一目瞭然なので、紛失を防ぐことができますし、職場の整理・整頓にも貢献します。

共有の書類ファイルなども、あらかじめ置き場所を決めておき、棚やキャビネットに「A商品の顧客リスト」「B商品の顧客リスト」などと書いたシールを貼っておく。誰かが持ち出していれば、すぐにわかりますし、「決まった場所に戻さなければ」という意識も働きます。

人的対策も重要ですが、まずは物理的に問題が再発しないしくみをつくる。物的対策と並行しながら、人的対策をとるほうが、職場のルールは徹底されやすいのです。

CHAPTER 2

LECTURE 3

「自前主義」にこだわる

POINT

問題が起きたとき、まずは自分たちで解決を試みる。その「プロセス」にこそ、発見や成長のネタが眠っている。

トヨタ自動車の年間生産台数が約500万台だったとき、当時の社長の張富士夫が、2005年までに800万台にするというビジョンを打ち出したことがあります。

いくらトヨタといえども、300万台の増産は簡単ではありません。一般的な常識からいえば、かなり背伸びをした目標といえました。

会社によっては、M&A（企業の合併・買収）で300万台の生産台数のある自動車メーカーを買収すればいい、という発想になるかもしれません。しかし、現場の発想は、**「どうやってプラス300万台を生産するか」**でした。M&Aで達成するという選択肢はなかったのです。

現在でもトヨタは、AI（人工知能）のような最先端分野についても自前で部署をつくるか、有望な企業に出資をするか、という選択をしており、丸ごと会社を買収するという手法は基本的にはとっていません。子会社のダイハツ工業や日野自動車にしても、子会社にする随分前から株式を保有し、さまざまなレベルで人材交流・技術協力をし、長い時間をかけて一緒になったのです。

こうした「自前主義」ともいえる発想は、トヨタ自動車工業（現・トヨタ自動車）の創業者・豊田喜一郎の「自分たちの手で国産車をつくる」という理念から、脈々と受け継がれてきたものといえます。

「自前主義」はプロセスを学べる

トヨタでは、現場レベルでも「自前主義」が習慣になっています。

たとえば、機械設備の調子が悪くなったとき、専門の業者を呼んで見てもらうのが一般的な会社のやり方です。そのあいだはモノをつくらず、待つしかありません。しかし、そのようなときでもトヨタの現場では、自分たちで修理・修繕しようとします。もちろん、手に負えずに専門業者を呼ぶときもありますが、自分たちでなんとかなりそうなレベルであれば、自分たちで直してしまうのです。

改善するときも、自分たちでつくれるものは自分たちでつくってしまうのがトヨタの習慣といえます。

たとえば、工具が散乱して、よく紛失してしまうという場合、その工具を使う現場の近くに収納するための棚を自作する。トヨタで経験を積んできたトレーナーの中には、「100円ショップに行くのが好き」と言う者が少なくありません。100円ショップは、改善アイデアを具現化するアイテムの宝庫だからです。ちょっとした収納棚くらいであれば、100円ショップでそろえてきた材料で、自作してしまいます。

自前主義には、プロセスを学べるというメリットもあります。機械設備を自分で修理すれば、「こういう原理で動いているのか」といったことも見えてきます。そうすると、「こんな使い方をすれば故障が減る」「こんな使い方をすれば稼働率が上がる」といったアイデアにつながることも少なくありません。

そのため、トヨタではあえて手作業の工程をつくるようにしています。現時点での生産性のみを重視するなら不要ですが、設備だけに頼ったモノづくりでは技能が退化し、やがて設備の進化も止まってしまいます。付加価値の高い仕事をするには、常に技能を磨き続ける工夫が必要です。

オフィスワークでも、自分で工夫できることはあるはずです。たとえば、自分が使いやすい書類のフォーマットをワードやエクセルでつくってみる。そして、まわりの同僚の意見も取り入れながら、バージョンアップをしてよりよいものに仕上げていく。そうしたプロセスを通じて、「こんな項目を入れたほうが、相手に伝わりやすい」「この項目はムダだから省こう」といった改善点も見つかるかもしれません。

CHAPTER 2
LECTURE 4

「やり仕《じ》舞《ま》い」をする

POINT

なんとなく仕事をしていたら、付加価値の高い仕事はできない。「何を、いつまでに終わらせるか」を共有することが大事。

仕事には、「何を、いつまでに完了させる」というゴールイメージの共有が必要です。これが明確になっていないと、チームプレーに支障をきたす場合もあります。

たとえば、上司から1週間後の会議で使う資料の作成を頼まれたとします。ところが、会議当日になっても資料がそろわず、上司からせかされ、ギリギリの段階でようやく完了しました。

なぜ、こんな結果になったかといえば、上司は、過去の資料をアレンジすれば十分だと考えていたのに、部下はイチからデータなどを集めて作成しなければならないと考えていたからです。これは、期限のゴールは共有できていたものの、内容面でのゴールが共有されていなかったために生まれた結果です。

上司が、「過去の内容をアレンジした資料を、明日までに作成しておいて」と指示していれば、部下は余計な仕事をせずに済んだのです。

「トヨタには、『やり仕舞い』という言葉があり、いつまでに、どこまで完了すべきかを明確にする習慣がある」と話すのは、トレーナーの小倉良也。

「『やり仕舞い』とは、期限を決め、キリのいいところで仕事を完了させることをいいます。

工場のラインは2交代、3交代といった交代勤務が通常ですが、このとき『やり仕舞い』をしておかないと、Aの工程は終わっているけれど、Bの工程は終わっていないといった事態が起こり、引き継ぎがしにくくなります。また、どこから作業を始めればいいいか、確認に手間取りますし、仕事が重複してしまうおそれもあります。『ここまでの作業は完了しているので、ここからの作業はお願いします』とはっきりさせておけば、現場は混乱することなくスムーズに引き継ぐことができます」

オフィスワークでは、個人の裁量が大きく、「何を、いつまでに完了させるか」が明確になっていないことが多々あります。

「なるべく早く頼むよ」のひと言では、いつまでに、どのレベルで完成させればよいかわからないため、余計な仕事をしてずるずると残業したり、締め切りギリギリになって低レベルのアウトプットが上がってきたりします。

チームで仕事をするなら、期限を決めて、どこまで仕事を完了させるかを明確にする、つまり「やり仕舞い」を意識することが大切です。

期限が決まっていないと集中できない

「やり仕舞い」はチームの仕事をスムーズにする効果がありますが、個人レベルでも「やり仕舞い」を心がけることによって、仕事の生産性を高めることができます。**仕事を先延ばしせずに、今日できることは期限を決めて完了させてしまうのです。**

たとえば、8つの工程のある仕事であれば、「今日は18時までに3つ目の工程まで終わらせてから帰宅する」と期限を決める。

細かい単位で期限が決まっていないと、全体での遅れ・進みがわかりません。「まだまだ間に合う」と根拠のない余裕が生まれ、仕事に集中できません。逆に、ずるずると残業を続けてしまう場合もあるでしょう。

「何を、いつまでに終わらせる」と明確になっていれば、それに向けて集中力を発揮することができ、結果的に生産性も高まります。

「忙しくて仕事がたまっていく一方だ……」「早く終わらせたほうがいいのはわかっ

ているが、ついあとまわしにしてしまう……」という悩みを抱えているのなら、一つひとつの仕事を「やり仕舞い」することを意識しましょう。仕事が順調に片づき、生産性が高まることを実感できるはずです。

そのときにできる仕事はそのときに片づける

トヨタの社員は、日々の小さな業務においても、「先延ばしにしない」という感覚が身についています。つまり、**そのときにできることは、そのとき片づける**ことが習慣になっているのです。

トヨタでは、ラインで問題が発生したら、すぐに真因を見つけ出し、対策を講じることが当たり前になっています。「明日、ゆっくり対応しよう」は通用しません。たとえ大きな問題でも、今日できる対策は、今日実行するのが原則になっているのです。

それは、ちょっとした社内業務も同様です。たとえば、営業日報の作成などの雑務は、あとまわしにしがちですが、トヨタでは「できるときに処理しておく」のが基本スタンスです。

トレーナーの小倉良也は、こう話します。

「『あとでまとめて処理したほうが効率的だ』と思っている人もいるようですが、どんな仕事でも移動や手待ちなどのすきま時間があるはず。今日すべきことをメモしておき、短時間で終わる仕事はすきま時間を使って終わらせてしまう。その日のうちにできることは、その日のうちに片づけることを習慣にしていると、提出期限ギリギリになって、『営業日報を書かなくては！』とあわてることはなくなります。結局、『あとでまとめて』よりも、『その日のうちに片づける』ほうが効率的なのです」

やらなければいけないことを先延ばしにしていると、あとでやるのも億劫《おっくう》に感じますし、やるべきことを忘れてしまうことさえあります。**先延ばしにしても、メリットはひとつもないのです。**付加価値の高い仕事をするには、先延ばしの習慣を撲滅しなければなりません。

CHAPTER 2

LECTURE 5

トヨタの常識は、世間の非常識

POINT

自分たちのやり方が当たり前だと思っていないだろうか。視点を変えることで、問題や改善策が見えてくる。

人はずっと同じ仕事をしていると、今のやり方が当たり前だと思いがちです。OJTソリューションズのトレーナーがよく使う言葉のひとつに、「トヨタの常識は、世間の非常識」というものがあります。

トレーナーはトヨタを卒業し、他の会社の改善指導に取り組むことになります。そこで最初に直面するのが、トヨタで当たり前のようにできていたことが、指導先の会社では行なわれていないという事実です。

ここでトヨタのやり方を一方的に押しつけては、現場から反発を受けるだけです。「トヨタみたいな大企業だからできるけれど、うちではできない」と。したがって、トレーナーが改善指導に入るときは、「トヨタの常識」を押しつけずに、その会社の規模や状況に適したやり方を意識しています。

「トヨタ時代も、自分たちの常識にとらわれないことを意識していた」と話すのは、トレーナーの村上富造。

「トヨタにかぎらず、自動車業界では生産の繁忙期に合わせて、期間従業員と呼ばれる契約社員を雇っています。彼らに対して、いつもお願いしていたのは、『おかしいことや気づいたことがあったら、メモしておいてほしい』ということ。彼らはトヨタにかぎらず、さまざまな工場で働いた経験があるので、客観的な視点をもっています。だから、『なぜ、こんな作業のやり方をしているのか?』『この作業は、他社に比べてやりにくい』といった意見が出てきます。

トヨタの常識の枠では見えなかったことも、期間従業員というフィルターを通すと見えてくることがあります。それを改善のネタとして取り組んでいくのです。

私にかぎらず、外の目を意識していたリーダーが、トヨタにはたくさんいました」

自分の仕事のやり方を疑う

トヨタでは、他部署から問題のありかを教えてもらうことも少なくありません。

たとえば、生産ラインの後工程からクレームが入れば、自分たちの工程に問題が潜んでいる可能性があるので、どこに問題があるかを探り、改善につなげていきます。

オフィスでも、他の部署から「このやり方では困る」「もっとこうしてほしい」といった指摘を受けることがあれば、自分たちの仕事のやり方に問題があるかもしれません。「自分たちは最善の方法をとっている」「あとはそっちで処理してほしい」と突き放さずに、仕事のやり方を見直す必要があります。

また、他部署との間で、数値や状態を比べてみるのもひとつの手です。たとえば、提出書類の記入ミスが他の部署と比べて際立って多ければ、自分の部署のやり方に問題がある可能性が高いといえます。

みなさんがふだん当たり前にやっている仕事は、本当にベストのやり方といえるでしょうか。**常に自分の仕事のやり方を疑うことで、職場の問題に気づき、改善につなげることができます。**

たとえば、新入社員や異動してきた社員に、職場で気になったことや、やりづらいことを聞いてみる。お客様のクレームを吸い上げるしくみをつくってもいいでしょう。これまでの職場の「当たり前」も、新鮮な目を入れると、問題や改善点が見つかり、より付加価値の高い仕事をすることができます。

CHAPTER 2

LECTURE 6

むやみにルールをつくらない

POINT

「○○しよう!」などの目標や注意書きが大量に貼られている職場は要注意。かけ声倒れに終わっているかもしれない。

ルールを決めたけれど、現実には実施されていない――。どんな職場にも、そんな形骸化したルールが存在するものです。

たとえば、「職場の5Sキャンペーン」と銘打って、整理・整頓を奨励することを決めたのに、有名無実化している場合。やることだけを決めて、満足しているケースが少なくありません。

トヨタでもたくさんのルールがありますが、必ず実行をともなっているかに目を光らせています。トレーナーの中田富男は、**「ルールだけ決まっていても、そのやり方や環境整備にまで注意を払わないとルールは定着しない」**と言います。

「ある会社では、5Sの大切さに目覚めた社長が、率先して倉庫や棚のふきそうじを始めました。そして、社員にも『職場のそうじをしよう!』と発破をかけていました。しかし、社員はいらないものが散乱した床をほうきで少し掃いて終わり。要は、5Sの意義が社員に伝わっていなかったばかりか、そうじをするための時間も確保されていませんでした。

社長は、自分が率先してそうじをし、背中を見せれば、社員たちもついてくると考えたのでしょう。しかし、いくら『こうしよう』とルールを決めても、その意義や背景が伝わっていなかったり、必要な環境整備がされていなかったりすれば、ルールは定着せずに、早晩忘れ去られてしまいます」

形骸化したルールは捨てる

定着していないルールほどムダなものはありません。

トレーナーの杢原幸昭は、「やめても困らないものは、やめてしまうべき」と断言します。

「決めたけれど、放置されるルールというのは、だいたいは上からの押しつけです。上司が思いつきで始めたけれど、現場には浸透していない……。本当に現場が必要としているルールなら、みんなでルールをメンテナンスしながら定着させていくはずです。

形骸化しているルールは、さっさと取り払ってしまって問題ありません。ほとんど実施されていないルールで人を縛るよりは、それをやめて、新しいことを始めたほうがいい。人のリソースにはかぎりがあるので、何かをやめないと、新しいチャレンジはできません」

みなさんの職場にも、掲示板に「○○活動」「○○促進キャンペーン」とうたっているけれど、誰も実施していないルールが貼り出されてはいないでしょうか。

なかには、すでに何カ月も経過していて、誰が貼ったかさえもわからなくなっているケースもあるかもしれません。

早速、掲示板をチェックしてみましょう。もし有名無実化しているなら、そこから剝がして、正式にやめる。他のやるべきことに時間を費やしたほうが、職場全体のためになります。

新しいルールは既存のしくみの中で

実施されないルールが生まれるのは、新しいしくみをつくろうとすることに原因があります。

トレーナーの杢原は、**「新しいことを始めるときは、既存のしくみの中で実施できないかを、まずは検討すべきだ」**と指摘します。

「案外、『もっとよくしよう』と前向きな職場ほど、いろいろとルールやプロジェクトをつくってしまいがち。しかし、新しいことを始めようと思えば、人も労力も必要ですから、本当に必要ではないものは、しだいにないがしろにされ、形骸化していきます。

ラクに実施できる体制にしなければ、新しいルールは定着しにくい。だから、すでに存在するしくみの中で実施できないかを考えてみることが大切です。たとえば、『設計の見直しによる原価低減プロジェクト』をひとつの部署が新たに始めたとします。しかし、すでに他の原価低減活動が別の部署で定着しているようなら、ひとつにくくれないか検討してみる。『原価低減』という目標自体が同じであれば、整理をして活動をまとめたほうが、既存のしくみの中で活動することができますし、人も時間も有効活用できます。

『あの部署は仕事をしていない、と思われるのが嫌だから』といった各部署の思惑で新しいルールやプロジェクトが生まれてしまうケースは少なくありません。管理監督者には、広い視野で俯瞰《ふかん》することが求められます」

「いいことを思いついた！」という発言には要注意。本当に必要なのか、他のしくみと重複しないのかをじっくりと検討すべきです。

CHAPTER

3

コミュニケーション力を高める「チーム」の習慣

CHAPTER 3

LECTURE 1

1枚で伝える

POINT

情報量が多すぎても相手に伝わらないことがある。簡潔にわかりやすく伝えることで、チームの意思疎通はうまくいく。

トヨタには「A3文化」と呼ばれるものがあります。問題解決を行なうとき、❶「問題を明確にする」、❷「現状を把握する」、❸「目標を設定する」、❹「真因を考え抜く」、❺「対策計画を立てる」、❻「対策を実施する」、❼「効果を確認する」、❽「成果を定着させる」という8つのステップを踏むことが原則となっていますが、これらを**A3サイズの用紙1枚に簡潔にまとめること**が習慣化されています。

分厚い資料を用意すると、当事者はやった気分になりますが、ムダな文章や余計なデータが並んでいたら、むしろ相手に本当に伝えたいことが伝わりづらくなります。結論やポイントが簡潔に読み手に伝わる資料でなければ、それこそ時間と紙がムダになります。ひいては大量の書類を保管しようと思えばスペースが必要になり、場所のコストもかさみます。働きやすいオフィス環境の妨げにもつながるのです。

トヨタでは、こうしたムダな資料のことを「紙料」「死料」と呼び、社員に読みやすい資料の作成を促しているのです。

特にオフィスワークでは、大量の資料が発生します。会議用の資料を作成して配布したけれど、読まれないままデスクの上に置き去りにされていた……といったことはないでしょうか。

資料は、それを読んだ相手になんらかの行動を促すものでなければ意味がありません。そのためには、簡潔でわかりやすく、相手に一目瞭然で伝わる資料でなければなりません。

職場の資料も、紙1枚で十分に伝わるケースは多々あります。A3、あるいはA4でもかまいませんが、簡潔に伝えることを心がけることで、あなたが伝えたいことが明確になり、相手にも理解してもらえます。

ホワイトボード1枚にまとめる

トヨタでは、現場にも「1枚にまとめる」という文化が浸透しています。

問題やトラブルが起きたとき、「(アンドンの)紐を引く」のがトヨタの習慣であることはすでにお伝えしました。

ラインを止めざるをえないような大きな問題が発生したとき、作業の当事者だけでなく、班長をはじめ、組長、工長などの各責任者、前後の工程の関係者、技術者が問題の工程に集まって、その問題を引き起こしている真因の追究をし、対策を打ち出します。

このときにトヨタの現場で活躍するツールのひとつが、ホワイトボードです。

トヨタでは、会議室だけでなく、生産現場にもホワイトボードが置いてあり、**いつでもホワイトボードの前で会議や打ち合わせができる環境になっています。**そして、現場で立ったまま、現地・現物を確認しながら、データなどの資料を貼り出したり、現状や問題点、対策などをホワイトボードに書いていったりするのです。

ホワイトボードを活用することによって、「どんな問題が起きたのか」「現状はどうなのか」「どんな対策を打っているのか」といった情報がひと目で入ってくるので、**現場で起きていることが一目瞭然になります。**

ホワイトボードをそのまま残しておけば、その場で議論に参加していなかった人も、あとで情報を確認できます。また、常にホワイトボードの情報を更新するようにすれば、リアルタイムで起きていることがわかります。

「現場で起きていることを、ひと目でわかるように簡潔にまとめる」という意味では、ホワイトボードの使い方にも「Ａ３文化」があらわれているといえます。

一般的な会社では、ホワイトボードはせいぜい会議室に置いてある程度で、ほとんど使われていないケースすらあります。しかし、現場を離れて、会議室で問題対策などの議論をしていると、「実際はどうだったっけ？」といった疑問が上がることもあり、大変不便です。

トヨタでは、エレベーターにホワイトボードを乗せて移動している光景をよく見かけます。人の集まっているところに、ホワイトボードを持って行くのがトヨタの習慣なのです。

ボードの前に集まって議論する

ＯＪＴソリューションズ専務取締役の森戸正和は、「ホワイトボードを使うことには、もうひとつ大きなメリットがある」と言います。

1枚のホワイトボードで情報共有を図る

〈ホワイトボード〉

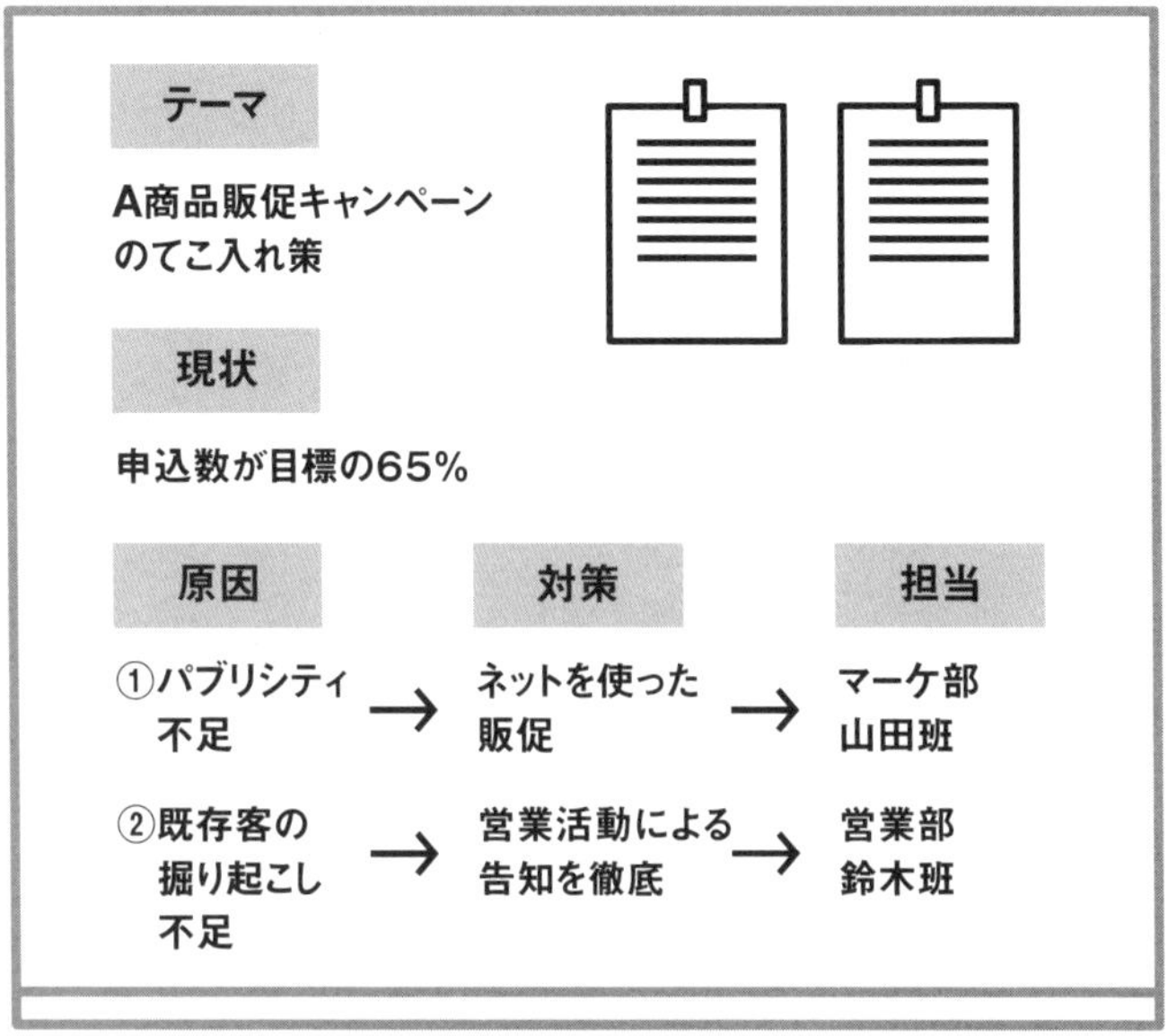

ホワイトボードや1枚の紙に情報を集約すると、現状や対策などが一目瞭然になる

「現場でホワイトボードを使うと、自然と立ったまま議論することになるので、集中力が増し、だらだらと会議が続くことはありません。**パッと集まって、パッと議論し、パッと行動に移れるのは大きなメリットです。**

ホワイトボードのほかにも、トヨタではＡ３用紙が数枚貼れるサイズの持ち運び用のパネル（ピンを留められるプラスチックのボード）を活用しています。資料やデータを貼って留めておき、それを使って報告や打ち合わせをします。〝動く展示会〟みたいなものですね。

この場合も、パネルの前に関係者が集まってくるので、立ったまま議論をし、短時間で集中的に終えることができます。説明にも躍動感が生まれ、居眠りするような人もいません。ムダな紙が発生しないのもメリットです」

生産性の低い会社には、ムダな会議が多くあります。人は集まるけれど何も決まらない会議、議論が活発化しない会議、何も生み出さない「会議のための会議」などなど……。

もちろん、大人数で腰を据えて行なう会議も必要ですが、会議の種類や性質によっては、ホワイトボードや持ち運べるパネルを使って、立ったまま議論をする。ちょっとした打ち合わせであれば、こうした方法のほうが短時間で終わり、生産性が高い会議になります。そして、すぐに問題解決や改善などのアクションにつながり、成果を生むことができます。みなさんの職場でも試してみてはいかがでしょうか。

CHAPTER 3

LECTURE 2

職場を「視える化」する

POINT

「自分たちの職場は、今どういう状況なのか」を共有することで、チームのベクトルが合い、推進力が生まれる。

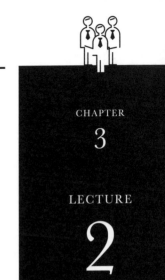

今、みなさんの職場はどのような状況でしょうか。

そして、最終的にはどのようなゴールを目指しているのでしょうか。

こんな問いかけをされたとき、すぐに答えられる人は、それほど多くないかもしれません。

トヨタの現場には、「管理ボード」（日常管理板）という掲示板があります。

管理ボードには、現場で管理を行なううえで、トヨタの管理監督者が徹底すべき仕事の基本である「五大任務」についての情報が一覧できるようになっています。五大任務とは、次の5つです。

❶安全
❷品質
❸生産性
❹原価
❺人材育成

管理ボードを見れば、会社と部署の方針、五大任務ごとにどんな活動をしているか、どんな強み、弱みがあるのかといったことが、すべてわかるようになっています。つまり、会社方針に対するつながり（会社方針に対し、部としてどう応えていくのか）が一覧できるのです。また、自分たちの仕事の結果も、ひと目でわかるようになっています。

もっと簡単にいえば、**「自分の職場がどういう状態なのか」をつかむためのツールが管理ボードなのです。**

管理ボードはコミュニケーションツール

「管理ボードはコミュニケーションツールにもなる」と話すのは、トレーナーの杢原幸昭です。

「ボードの前で報告会をしたあとに、実際に現物を見に行くこともあれば、上司が『これ、どうなっているの？』『こんな視点もあるんじゃないの？』などのコメントを

「管理ボード」のイメージ

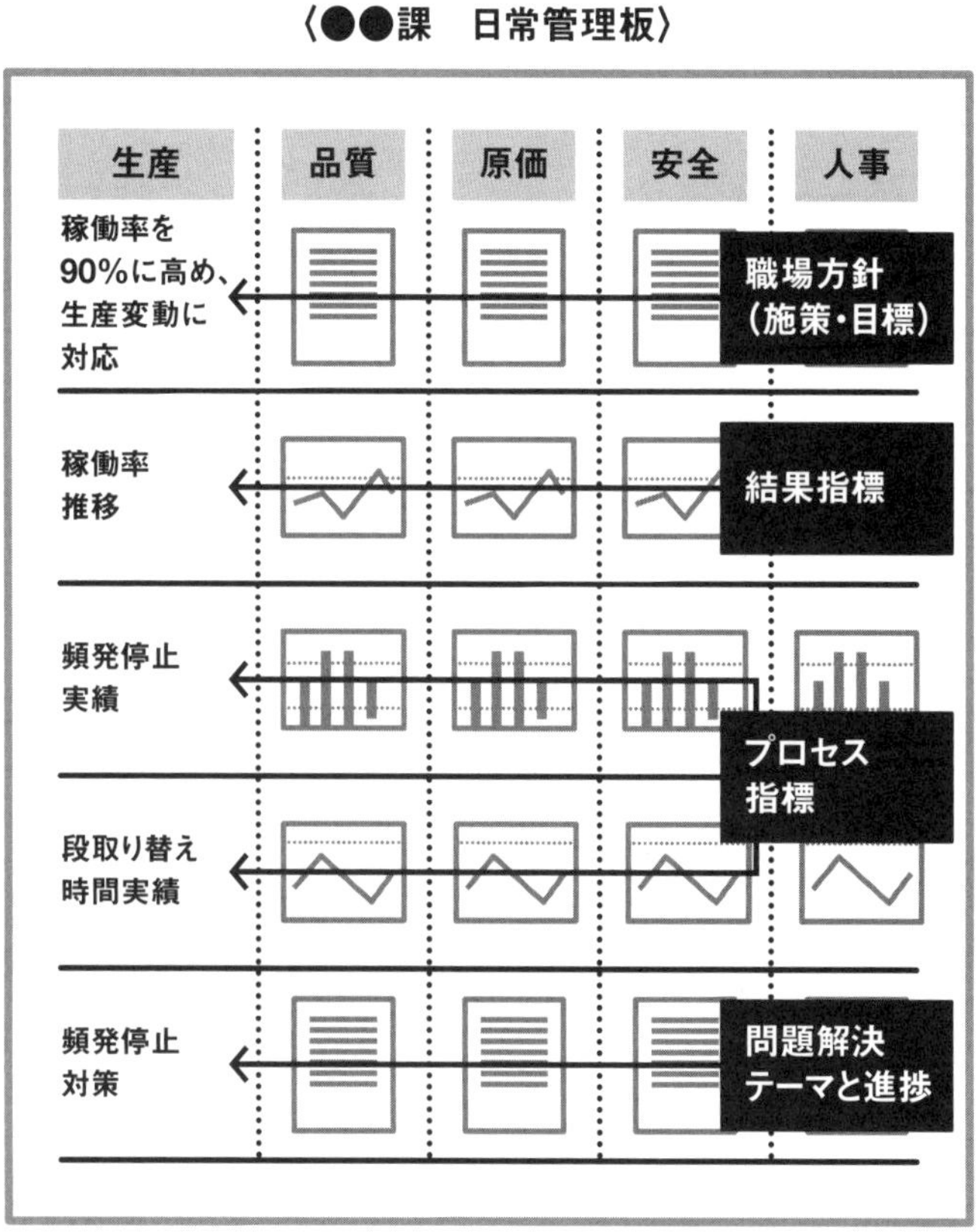

「管理ボード」などで職場の状況や成果がわかるとチームのコミュニケーションが活発化する

ボードに残すこともあります。生産に入ってしまうと、なかなか1対1で向き合う時間はありませんから、ボードは上司と部下のコミュニケーションを円滑にするのにひと役買っています」

実際に、トレーナーの杢原が改善指導を行なっている会社では、管理ボードを導入・運用して成果を上げているとのこと。

たとえば、品質で慢性的に困っている問題に対して、メンバーから解決のヒントをもらうこともあれば、データなどの結果が貼られたボードの存在によって、「不良を出さないようにしなければ」という意識が高まり、実際に不良が減ったという効果もあったそうです。

また、管理ボードの取り組みをしている部署に、他の部署から見学者がやって来て、仕事のやり方を比較し、刺激を受け合うという派生効果も生まれています。それまで他の部署との交流はほとんどありませんでしたが、管理ボードを見て、「こっちのやり方のほうがやりやすい」という気づきも得られたといいます。

自分の部署がどんな状況にあるかを把握していない人が多いくらいですから、他の部署が何をやっているかは、ほとんど知らないケースが大半といっていいでしょう。

まずは自分の部署の状況を、「視える化」してみてはどうでしょうか。会社内にボードが増えれば、それぞれの部署の状況や仕事の内容が一目瞭然となり、部署間のコミュニケーションも円滑になるかもしれません。

すぐにアクションを起こせないと意味がない

管理ボードで「視える化」をしても、ただ情報を見せるだけの役割で終わっていたら、本当の意味で「視える化した」とはいえません。

「アクションを起こせるようなボードになっていないと、確認するだけで終わってしまう」と話すのは、トレーナーの中上健治。

「視える化の『化』は、化けるきっかけをつくるものだと個人的に解釈しています。即行動できるような情報になっていないと、視える化とはいえません。ただの掲示物です。

たとえば、不良件数の推移のグラフが掲示してあっても、それだけでは『意外と少ないなあ』『最近は少し減っているなあ』といった感想だけでスルーしてしまいます。しかし、そのグラフに1本の基準線を横に引いたらどうでしょうか。たとえば、5件を基準線とすれば、それ以下にするという目標が明確になる。ここ数カ月、5件を超えていれば、『これはまずい。不良を減らさなければ』と考え対策をとるでしょう。このように行動を促すことが、管理ボードの本来の役割なのです」

グラフに1本の線を引く。それだけでも行動したくなります。ぜひ、みなさんの職場でも、行動を起こしたくなるような「視える化」を進めてみてください。

「1本の線」を引くだけで行動したくなる

〈不良件数の推移〉

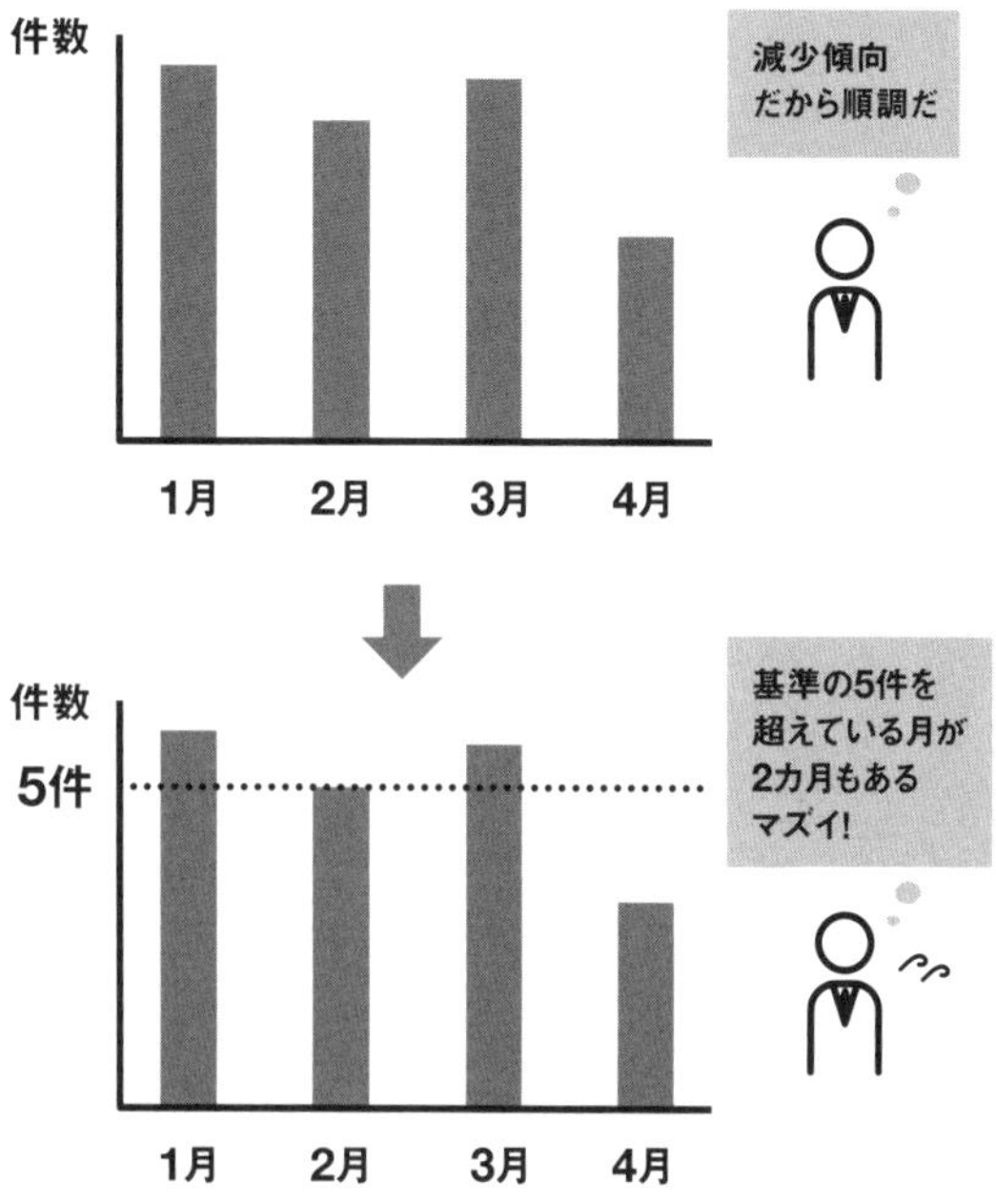

行動を促すものでなければ、
本当の意味で「視える化」とはいえない

CHAPTER 3

LECTURE 3

「多能工」を増やす

POINT

特定の人しかできない仕事が多いほど、チームの機動力が失われる。トヨタでは複数の仕事ができる「多能工」を育てる。

仕事ができる人に作業が集中してしまうと、それを抱え込んでしまったり、一部の人に残業が集中したりして、疲弊することになります。一方で、仕事量が少なく、残業をあまりすることがない人も出てきます。

特にオフィスワークだと、生産現場と違って、自分一人で完結する仕事が少なくありません。そのため、誰がどんな仕事をし、どれだけの量を抱えているのか、まわりからは見えにくい状況にあります。

チーム単位で考えると、こうした状況は生産性を低下させることになります。

トヨタでは、誰がどれだけの時間をかけて仕事をしているかをグラフにしたものを「山積み表」と呼んでいます。

これを活用することによって、誰がどれだけ仕事をしているか視える化し、対策を打つことができます。

たとえば、Aさんがa～dの作業に、それぞれ次の時間をかけているとします。

a作業……1・5時間

b作業……3時間
c作業……0・5時間
d作業……5時間

本来は定時の8時間で収まるのが適当なところ、計10時間働いています。

一方でBさんの作業時間を足し合わせたところ、計7時間しかなかったとします。この場合、Aさんの仕事の一部をBさんに割り振ることで、一人に仕事が偏ることを防ぐことができ、チーム全体の生産性を高めることができます。これを「均平化《きんへいか》」といいます。


均平化をするときに大事なのは、**最初にそれぞれの作業の時間を短縮できないか検討することです**（ステップ1）。

一つひとつの作業に潜んでいるムダを取り除くことで、Aさんの仕事は8時間ですべて終わるかもしれません。

それぞれの作業を見直してもなお、8時間をオーバーしているなら、他の人でもで

「山積み表」をつくって均平化を図る

ステップ1 作業時間のムダを取り除く

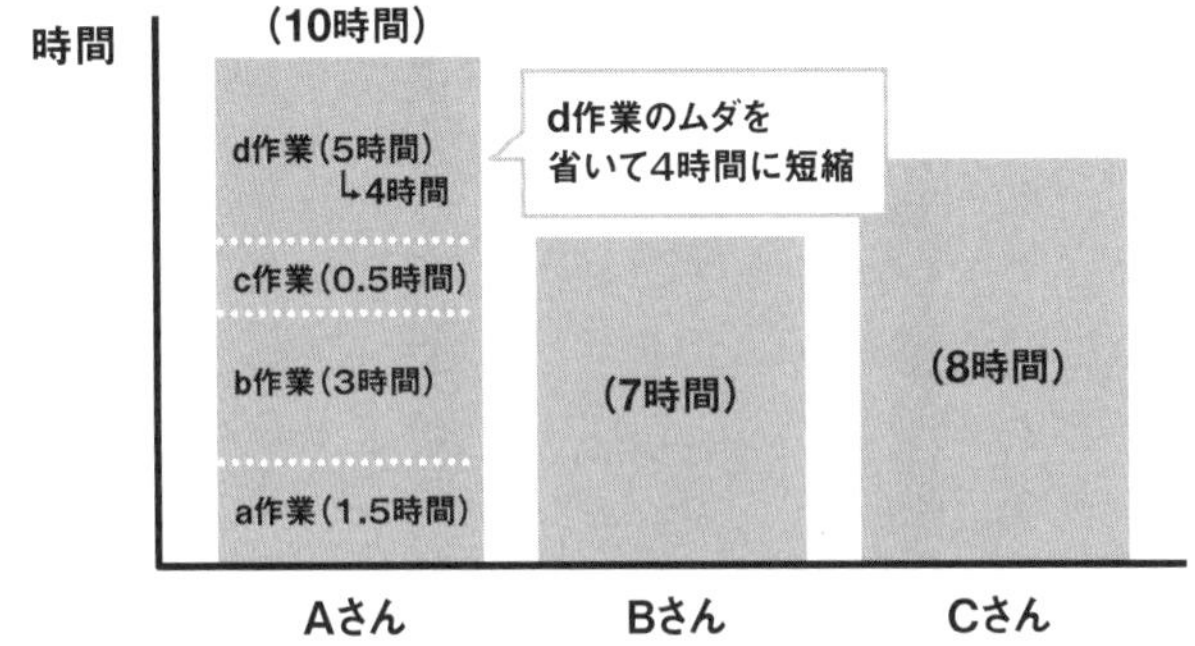

ステップ2 余裕のある人に仕事を割り振る

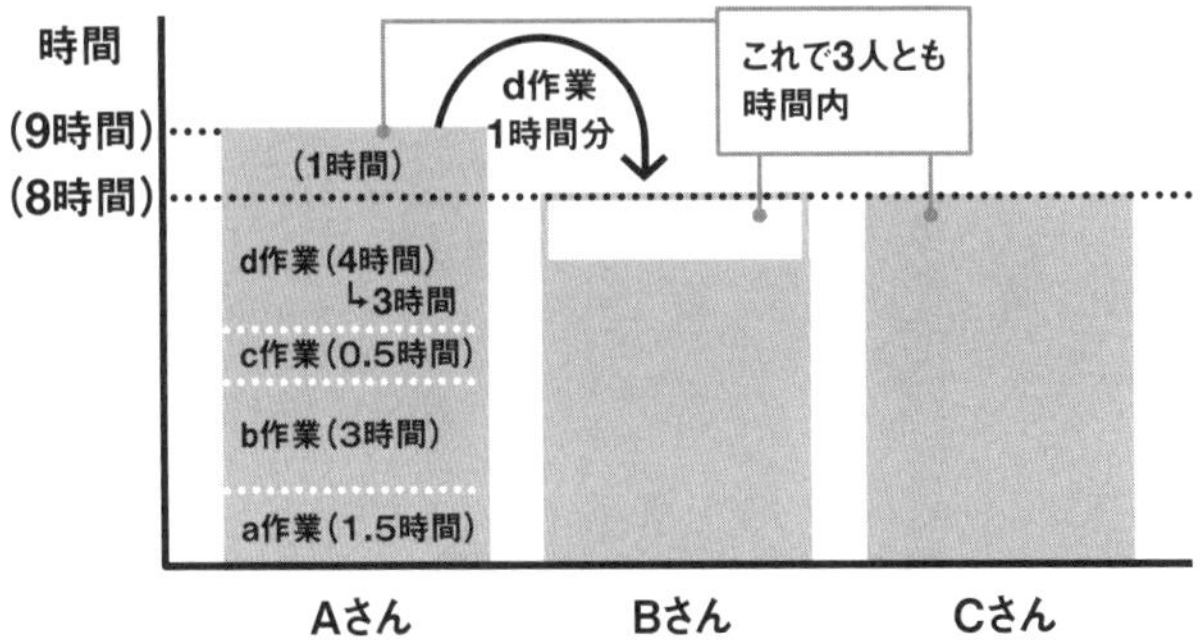

一人に集中している負荷を解消することで
チームの生産性が高まる

きる作業を手放し、たとえばBさんに担当してもらいます（ステップ2）。

そうすることによって、特定の人に仕事が集中することを防ぎ、一方で、余裕のある人の生産性を高めることができるのです。

トレーナーの小倉良也は、次のように話します。

「**均平化を進めるうえで大切なのは、一人が複数の仕事をできるようにすることです。**トヨタの生産現場では『多能工』といいますが、多能工化が進めば進むほど、人のやりくりもしやすくなり、チームの生産性を高めることができます。オフィスワークでも、多能工化を進めれば、均平化もしやすくなります」

同僚の仕事のやり方と比較する

職場で誰が何をしているか、その内容がブラックボックスになっていることは少なくありません。

誰がどんな仕事に、どれだけの時間をかけているか。それを把握するだけでも、均平化を促すことができますし、同僚の仕事内容がわかり、コミュニケーションもよくなります。

まずは、**自分が行なっている作業のサイクルタイム（一つの作業に要する時間）を書き出してみましょう。**

一つひとつの作業にどれだけの時間をかけているかを意識するだけでも、仕事の進め方を改善するヒントが見つかります。

特に、他の人が同じ仕事にどれくらいの時間をかけているかを比べてみると、時間差があることに気づくことは少なくありません。

トレーナーの小倉は、こう言います。

「トヨタでは作業している姿をビデオで撮影し、その映像を検証することで改善につなげます。改善指導に入った会社でも、同じようにビデオの映像を通して、自分の仕事を確認してもらいますが、ほぼ１００％の確率で、『移動の時間が長い』『作業にムダがある』など改善点に自ら気づくことができます。自分で気づくことができれば、率先して改善に取り組んでくれます。

ビデオで撮影しなくても、自分の仕事のやり方やサイクルタイムを他の人のそれと客観的に比べてみる。他の人と違うということを意識するだけで、改善しようという気持ちになるはずです」

自分とまわりの人の仕事ぶりを比べてみる

生産現場では作業手順はある程度決まっていますが、オフィスワークでは、個人によって手順ややり方はまちまちです。

たとえば、表計算ソフトの「エクセル」は、熟練者と慣れていない人とでは、作業スピードがまったく異なることがあります。

ひとつのスキルを知らなかっただけで、10倍以上の時間差が生まれるといったことも珍しくありません。作業が早い人のやり方に合わせるだけで、チームの生産性は大きく改善します。

サイクルタイムを可視化するために、まずは、部署単位でグーグルカレンダーなどのスケジュールを共有管理できるアプリケーションを使って、メンバーの作業を視える化してみてはどうでしょうか。

タスクを視える化することによって、さまざまな気づきがあり、それをきっかけに改善が促されるはずです。ひいては、それがチームの生産性を高めることにつながります。

CHAPTER
3

LECTURE
4

個人のスキルも「視える化」する

POINT

個人のスキルの内容とレベルがわかれば、チーム編成がしやすい。また、自分が身につけるべきスキルも明確になる。

一人の社員しかできない――。そんな仕事があると、その人材が退職や異動などの理由で職場を離れると、ちょっとした混乱状態になります。そうした事態を避けるためにもトヨタには、「一人しかできない仕事をつくらない」という習慣があり、それを担保するのが、多能工や標準といった考え方です。

また、トヨタでは、それぞれの部署のメンバーが、どんなスキル（技能）をもっているのかをマトリクス表にしてまとめています。

これを「星取表」といいます。メンバーがそれぞれのスキルに対して、どの程度習熟しているかを4分割した円であらわします。たとえば、「一人で作業ができる」なら1つ、「時間通りに作業ができる」なら2つ、「トラブル時に対応できる」なら3つ、「改善や部下指導ができる」なら4つ――というようにレベルによって、円内を塗りつぶしていきます（まだ一人で作業ができない状態なら、白いままです）。

「星取表」のメリットについて、トレーナーの小倉良也は、次のように指摘します。

「星取表にまとめることによって、誰がどの作業を、どのレベルでできるのかがひと目でわかります。どのスキルをもっている人が不足しているのかも、一目瞭然になるため、管理監督者は、**不足しているスキルができる人を多能工化してスキルと人員のばらつきをなくすことで、シフト管理や配置転換もしやすくなります。**

特にトヨタでは、『優秀な人から社内横断プロジェクトなどを担当させ、外に出す』という習慣があります。その人材の穴埋めをするために、誰にどんなスキルを身につけさせるかも、星取表とにらめっこしながら検討していきます」

「星取表」によるスキル管理は、どんな職場でも応用できます。

営業の現場であれば、「商品知識」「プレゼン能力」「クレーム対応」「書類作成」など、必要とされるスキルを細分化し、星取表を作成します。

これを部署内で視える化することによって、それぞれのメンバーがどんなスキルをもっているのかが一目瞭然となり、全体のバランスを見ながらスキルの習得を促すことができます。

また、個人のスキルを視える化することによって、メンバー一人ひとりが、**自分のスキルはどのレベルなのか、どのスキルが足りていないのかに気づくことになる**ので、個人の危機感や向上心をかきたてることにつながります。

「星取表」で個人のスキルを把握する

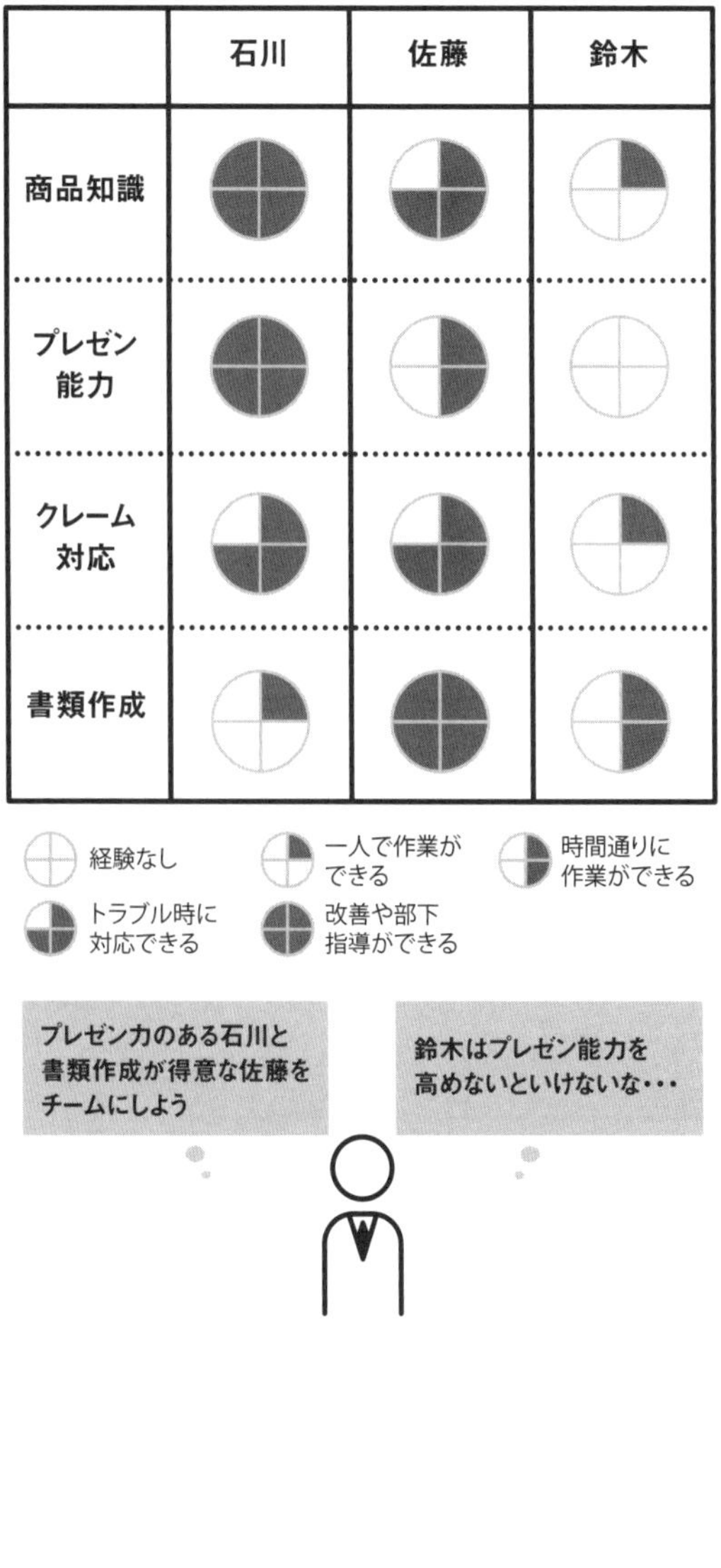

CHAPTER 3

LECTURE 5

チームは「大部屋」で動かす

POINT

会社全体にまたがる大きな問題を解決するとき、トヨタでは組織横断的な「ワーキングチーム」が立ち上がる。

新しいことをするとき、大きな問題解決や改善に取り組むときは、いわゆる「組織の壁」が立ちはだかることがあります。

自分の部署だけでは完結しない仕事や改善のときは、どうしても他部署を巻き込む必要が出てきます。

しかし、組織間の壁がある職場では、協力を得るのは簡単ではありません。「オレたちにはオレたちのやり方がある。そっちで勝手にやれ」と言われるのがオチです。

部署にまたがる仕事、改善をするとき、どのような手法を用いるのが効果的なのでしょうか。

トヨタでは、**「ワーキングチーム」というクロスファンクショナル（組織横断的）なチームを立ち上げることで、こうした問題を克服しています。**

「部品の種類を削減して原価低減を図る」といった問題テーマがあるとします。たとえば、かつて自動車部品のワイヤーハーネス（電力や信号を送る電線）には、車によって仕様が異なるため、「死に線」といわれる使わない線も用いられていました。当然、使わない線といえども、その分だけ原価は高くつきます。そこで、仕様を共通化して部品を減らせば「死に線」を減らし、原価低減を図れます。また、そもそも部品の仕様が多いほど保管する棚が必要になり、原価は高くなります。

このような複数部署が関わる問題は、ひとつの部署だけで対応するには限界があります。さまざまな部門や工程を巻き込むことで、大きな効果を得ることができます。

この場合、設計や製造など関係する部署を横断する形で、部品種類削減のワーキングチームを立ち上げて、各部署から専任者を選抜します。

「大部屋方式」でチーム力が上がる

組織横断的なワーキングチームでプロジェクトに取り組む際、トヨタでは「大部屋方式」という形式が採用されています。

2011年3月に起きた東日本大震災のとき、エンジンを制御する主要部品のひとつを供給していた部品メーカーが操業停止を余儀なくされました。ほとんどの自動車メーカーが同社から部品の供給を受けていたため、軒並み生産停止に追い込まれました。

このピンチを救ったのがトヨタ流の大部屋方式でした。各自動車メーカーの担当者が、その部品メーカーに集結し、復旧プロジェクトを立ち上げました。ほぼ初対面の300人の関係者が机を並べて仕事に取り組んだ結果、情報共有や役割分担がスムーズに進み、短期間で生産能力を一定レベルまで回復させました。

大部屋方式には、次のようなメリットがあります。

・部門間の合意形成がスムーズにできる
・方針や情報を共有できる
・「伝言ゲーム」によるコミュニケーションの齟齬《そご》を防げる
・まわりの動きが見えるので先読みができ、段取りよく仕事を進められる
・各部門が同時並行で作業をするので、より短期間で仕事が終わる

ワーキングチームも、基本的に「大部屋方式」でプロジェクトを進めていきます。実際にひとつの部屋で机を並べるかどうかは別にしても、ひとつのチームとしてまとまることによって、仕事の生産性が高まるだけでなく、先のようなさまざまな付加価

値を生むことができるのです。

人脈づくりにも役立つ

トヨタでは、どこの部署でもいくつかのワーキングチームが結成され、常に活動しています。

参加するメンバーは大きな課題を前に苦労することもありますが、貴重な経験を積むことができますし、社内の人脈も広がります。他の部署のメンバーと一緒に仕事をし、飲み会などでいろいろな想いやプライベートを含めて理解することで、信頼関係もできあがっていきます。

こうしたが人脈が所属する部署以外に広がっていると、問題やトラブルなどが起きたときに、他の部署と連携をとりながら対策を打つこともできます。**ワーキングチームは将来の貴重な人脈を得る場でもあるのです。**

このようにトヨタで活発なワーキングチームについて、トレーナーの村上富造は、

ワーキングチームは「大部屋方式」で

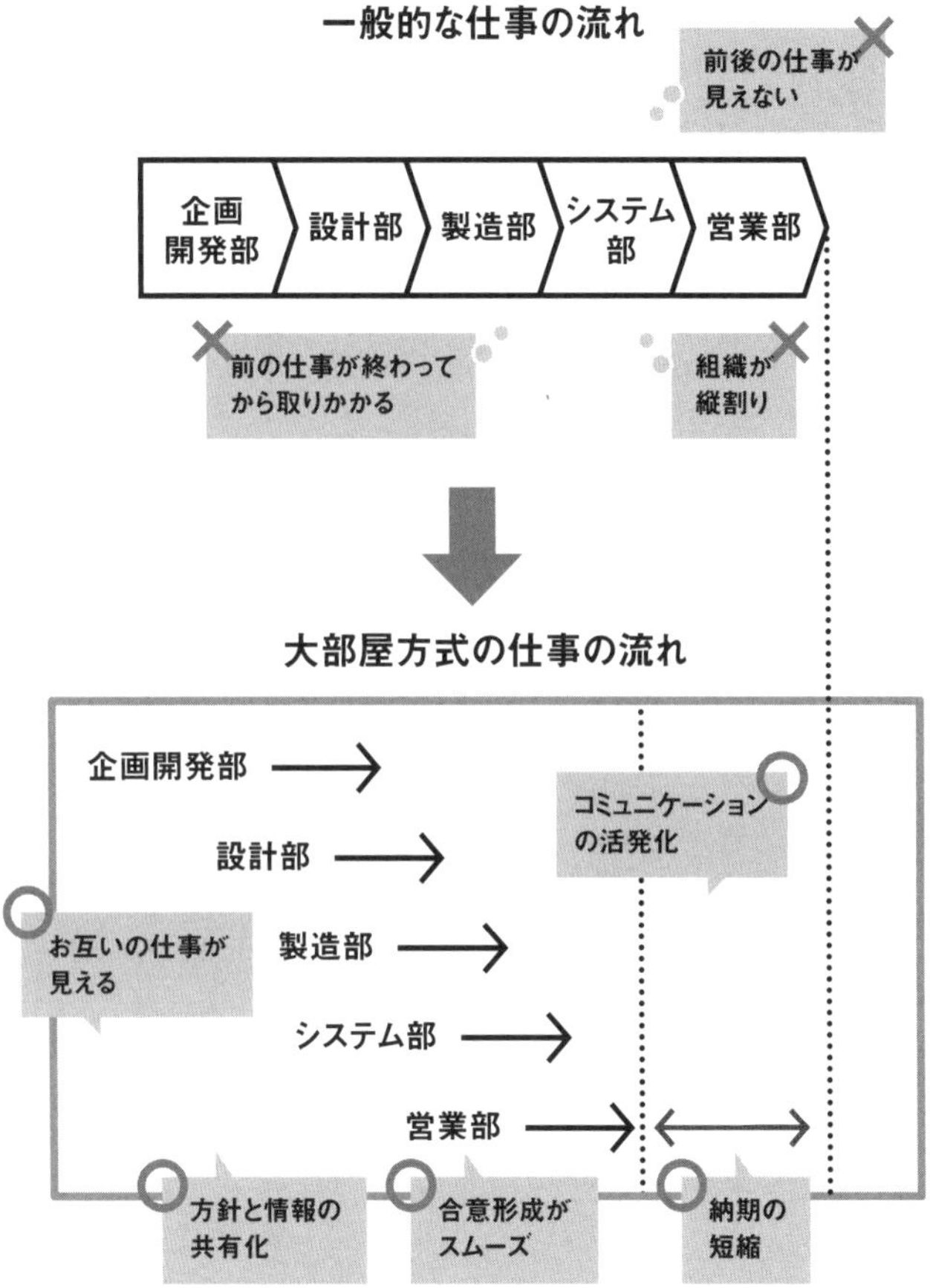

「自分の足りないものがわかるのもメリットだ」と話します。

「若い頃、原価低減をテーマにしたワーキングチーム活動に参加したことがありますが、交渉する相手は、各部署の年上の管理監督者ばかり。若手社員の私がどうやって協力を取りつければいいか悩みました。しかし、同じワーキングチームでペアを組んだ先輩社員は、自分よりも役職が上の人に対してもひるむことなく交渉し、話をまとめていきました。自分には交渉術が足りないことを知るとともに、おおいに学ぶところがありました」


大きな会社はもちろん、小さな会社でも部署やフロアが異なると、ほとんど相手の顔も名前も知らないということがあります。

このような会社では、組織の壁を越えて問題を解決したり、新しいことにチャレンジしたりすることがむずかしくなります。

こうした組織では、社内で共通の課題に取り組む場をつくるのも方策のひとつです。たとえば、「従業員満足を高めるプロジェクト」「5Sプロジェクト」などのワーキングチームをつくってみる。

こうしたプロジェクトを通じて、人材が交流することによって、「他の部署がどんな仕事をしているのか」「他の人がどんな問題を抱えているのか」といった気づきが得られ、本来の仕事でも連携・協力できる点が見つかる可能性もあります。その結果、単独の部署では出せないような成果を生むことができるのです。

CHAPTER 3

LECTURE 6

無視されても あいさつする

POINT

コミュニケーションがチーム力を高める。上司は部下の小さな変化に気づけるよう定点観測をする必要がある。

トヨタの管理監督者の中には、**毎日、現場をまわって、従業員一人ひとりに声がけすることを習慣にしている人が少なくありません。**

なぜなら、声がけを通じてコミュニケーションを深めることができると同時に、定点観測をすることによって、ちょっとしたメンバーの異変に気づくことができるからです。

トレーナーの橋本互も、その一人。

橋本は塗装工程の管理監督者を務めているとき、毎朝1〜2時間かけて200人の従業員一人ひとりに声がけをしていました。

ちょっとしたあいさつを交わす程度ですが、毎日の日課にしていると、だんだんと従業員との距離が縮まり、お互いの顔を知るようになります。橋本は、塗装だけでなく、通り道にある組立工程のスタッフにも声がけをしていたので、組立の従業員にも顔を知られる存在になっていきました。

そして、これを続けていくと、「あれ、今日は様子がおかしいぞ」と気づくことがあります。

橋本は、こう言います。

「毎日あいさつをしていると、たまに相手の返答が遅かったり、声が小さかったりすることがあります。そんなときは、『何かあったのかな？』と、その部下を気にかけます。**ほんの少しの異変ですが、毎日定点観測をしていると、違和感を覚えることがあるのです。**

たとえば、ある部下の返答する声が日に日に小さくなっていったので、1対1でくわしく話をする機会を設けました。すると、彼は新しい車種を生産するラインを立ち上げるプロジェクトに抜てきされていたのですが、『いろいろと悪いことばかり考えてしまい、本当に自分がやりきることができるか心配だ』とのこと。

そこで、私の上司の承認を得て、技術部へ連れていき、新しいラインで生産することになる車の完成品を彼に見せました。すると、具体的なイメージがわいてきたのでしょうか。『このプロジェクトをなんとしてもやり遂げたい！』と、目に輝きが戻ってきました」

橋本は、「お互いに言葉を交わし、少しでも人間関係を築いておくことが、いざというときに効果を発揮する」とも言います。

「工長時代にレクサスの塗装工程を担当したことがありますが、レクサスの塗装は他の車種よりも難易度が高く品質基準も高いので、ドアのすきまに気泡ができる不具合を出してしまったことがあります。しかも、すべてのレクサスに同じ不良が発生していました。結局、お客様に品質基準に合致した車をお届けするために、すべてのレクサスの塗装をやり直すことになったのです。

問題発生の責任の一端は当時工長であった私にあり、問題が起きないような対策を立てるのも工長の役割です。しかし、対策を実行して、現場で大変な思いをするのは、塗装工程の部下たちです。日頃の声がけで彼らのことを見知っているだけに、本当に申し訳ない気持ちで、涙が出そうになりました。

ただ、こういうときこそ、**日頃、あいさつを交わして、お互いの顔を知っておくことが意味をもつ**と思っています。言葉をろくに交わしたことのない上司に『対策しろ』と指示されても、部下は納得しないでしょうから」

なんでも言える関係をつくる

トレーナーの杢原幸昭も声がけを習慣にしていた一人。

毎朝、工場内をまわりながら、一人ひとりに声をかけていく。すでに作業をしているので、せいぜい交わすのは、ひと言ふた言です。

「〇〇君、調子はどうだい?」
「〇〇君、問題ないかい?」
「〇〇君、朝飯食べたかい?」

作業服の名札に書かれた名前を呼びながら、こんな調子で問いかけていきます。

「たいした会話はしていません。返事がない場合もあります。ひと言返事が返ってくればうれしいですし、ニコッとしてくれれば安心します。**目的は人間関係の距離を**

縮めて、相手が情報を話してくれる関係をつくることです。なんでも言いたいことを話してくれるような関係になると、問題が大きくなる前に、その芽をつむことができます」

実際に、こんなことがあったそうです。

重いものを運ばなければいけない工程に就いている作業者に、「調子はどう？」と声をかけたら、「最近ちょっと腰が痛くて……」と返ってきたそうです。そのことをその作業者の上司に伝えると、腰を悪くしていた過去があることが判明、すぐに腰に負担のかからない工程に配置転換しました。

作業者本人は、「これくらいの痛みでは言いづらい」という気持ちがあって、報告できなかったのかもしれません。毎日の声がけを習慣にしていたからこそ部下から情報提供があり、大きな問題になる前に対処ができたといえます。

あなたの職場では、きちんとコミュニケーションをとっているでしょうか。相手の反応はどうか、服装の乱れはないか、マスクをしていないか……。

出社時に、相手の目を見て「おはよう」と声をかけるだけでも、毎日続けていれば人間関係の結びつきは強くなっていきますし、ちょっとした異変にも気づけるようになります。

「困りごとノート」で情報を吸い上げる

声がけ以外にも、コミュニケーション手段はあります。

トレーナーの李原幸昭は指導先の企業で、**メンバーの悩みや困っていることを聞き出すために、「困りごとノート」を活用していた、**と言います。

「雨漏りがある、ロッカーが狭い、休憩室が暗いなど、なんでもいいから『困っていること』をノートに書いてもらっていました。大切なのは、書いてもらったあと。対策可能なことは、すぐに行動に移すこと。すぐに対策を打ってもらえた本人はうれしいですし、その様子を見た他のメンバーとの間にも『本当に解決してくれるんだ』という信頼関係が生まれます。このような信頼関係を醸成できれば、困っていることが

「困りごとノート」の例

困りごとノート

企画部

本人記入欄		上司記入欄
名前	困りごと	対策
佐藤	繁忙期(2〜4月)は残業時間が長くなる	幹部会議で、部署間の応援を検討
上田	冷房が効きすぎていて寒い	設定温度を1度上げる
林	PCの動作が遅い	システム部のAさんにPCを見てもらう

ささいなことでかまわないので、部下に困っていることを挙げてもらう

決してスルーしてはいけない。完璧な対策でなくても、現時点でできることを記す

上司がすぐにリアクションをすることで、部下との信頼関係が醸成される

集まり、問題が大きくなる前に対処することができます。

ポイントは、**日々の声がけやノートから大きな問題をつかめると期待しないこと**。大きな問題も小さな問題の積み重ねなので、小さな兆候を大切に扱うことが基本となります」

なお、みんなで1冊のノートを共有して使っていると、本音で書かない人も出てきます。1対1のコミュニケーションのほうが、相手も心を開いてくれる可能性があります。場合によって、個人ごとに連絡ノートを用意してもいいでしょう。

コミュニケーション・タイムをつくる

上司と部下にかぎらず、メンバー同士のコミュニケーションの機会をつくることは、チーム力の向上を後押しします。

トレーナーの近江卓雄は、こう振り返ります。

「私が勤めていた工場では、月に1度、就業時間内に『コミュニケーション・タイム』と呼ばれる集まりがありました。組長が中心となって10～20人のメンバーが、1時間にわたって、コミュニケーションを図るのです。毎回テーマは変わりますが、会社の賃金をテーマに会社の外部環境の理解を深めるケースから、社内イベントやスポーツ大会、社員の生まれたばかりの子どもの話題まで多種多様でした。

ほかにも、月2回、9人の工長が夜集まって、コーヒー片手に雑談をする習慣もありました。工程や作業は違っても同じ工長同士ですから、抱えている問題や悩みは共通しています。この集まりの席で、ある工程の問題を共有し、前後の工程と一緒に問題解決に動いたこともあります。上司である部課長がいると発言しにくいことも、工長同士だけだと率直に意見が言えるので、工程間のコミュニケーションが活発化したこともメリットです」

社員同士、上司同士でコミュニケーションを深められる場をつくるのも、チームの力を引き出すことにつながります。

CHAPTER
3

LECTURE
7

「外堀」から埋める

POINT

新しいことを始めるとき、必ず「抵抗勢力」があらわれる。どこから「火」をつけるかで、成否が分かれる。

どんな職場にも、いわゆる「抵抗勢力」がいます。職場の改善に取り組んだり、新しい取り組みにチャレンジしたりしようと思っても、メンバーの反応が鈍いと、結果的に尻すぼみになってしまいます。

人は変化を嫌う生き物ですから、慣れているやり方を積極的に変えることに抵抗感をもっています。「今のやり方でも、なんとかまわっているのだから問題ないのではないか」というわけです。ベテランの社員ほど抵抗勢力になりやすい傾向があります。

OJTソリューションズのトレーナーが改善指導を行なう企業でも、現場の一部から「抵抗」を受けることは少なくありません。外からやって来た第三者に対して、警戒心をもつのは自然な反応です。

「組織全体で改善を進めたいときには、『外堀』から埋めていくほうがうまくいく」と話すのは、トレーナーの小倉良也。

「『抵抗する人やひとくせある人から動かす』と言うトレーナーもいますが、私は変化に前向きな人から動かすほうが効果的だと考えています。組織には、一般的に『変化に前向きな人』が3割、『様子を見る人、無関心の人』が4割、『変化に抵抗する人』が3割の割合でいるといわれていますが、まずは変化に前向きな層に火をつける。すると、様子を見ていた層が動きだす。新しい取り組みがいいことだとわかると、抵抗していた層も協力的になってくれます。外堀から埋めるようにすると、組織全体に改善が浸透していくのです」

トレーナーの井上陸彦も、外堀から埋めることの効果についてこう語ります。

「やりたくないと開き直っている人に、『生産性を高めるためだから』などと理屈を並べても耳を傾けてくれません。同じ職場で働く人がラクに作業ができていて、自分ばかりが苦労しているといった実際の改善効果を見て、ようやく協力してくれます。抵抗勢力の外側から攻めるという意味で、私は『ドーナツ対策』と呼んでいました」

成果を実感できる改善からスタート

全員をイチから説得するのは骨が折れます。最初から全員を動かそうと強硬手段に打って出ると、「やらされ感」が組織全体に漂い、失敗に終わりがちです。

だから、まずはやる気のある若手など火のつきやすい層に働きかけます。彼らは、「メンバーに選ばれた」という使命感から、積極的に取り組んでくれます。

このときのポイントは、**最初は簡単にできる改善から取り組んでもらい、変化に対して喜びを感じてもらうことです。**

トレーナーの小倉が改善指導に入ったある会社では、業務で使っている無線機が散乱し、すぐに見つからないという問題が起きていました。そこで、どうすれば無線機が散乱しないかアイデアを出してもらい、結局100円ショップで購入したプラスチック製の入れ物を設置し、そこに無線機を収納できるようにしました。すると、無線機がすぐに見つかるようになり、多くの人が成果を実感することができました。

その後、無線機以外にも職場の整理・整頓が進み、さまざまなアイデアが出てくるように。最初は無関心を決め込んでいた人や、抵抗勢力と見られていた人たちも、改善の効果を目の当たりにし、徐々に参加してくれるようになりました。

抵抗勢力が「こうしたほうがいいんじゃないか」などと口出ししてくれるようになったら、大きな前進です。抵抗勢力にも改善が浸透し始めた証拠といえます。

CHAPTER 3

LECTURE 8

「先入れ先出し」を徹底する

POINT

デスクの上に積み重なった書類……。どういう順番で仕事を処理していくかは、チームの成果にも直結する。

チームで仕事をするとき、ときどき問題になるのは、上司の決裁が滞り、進行がストップしてしまうケースです。忙しい上司だと、会議や出張で長いあいだ席を空けてしまうので、決裁待ちの書類がたまっていきます。決裁待ちは、生産現場でいえば「手待ち」の時間なので、ムダでしかありません。

最悪なのは、決裁書類が山積みになっていくと、下に積まれた書類があとまわしになり、上のほうにある書類から先に決裁されていくようになることです。下に積まれた書類のほうが、先に提出されていて、急いでいるにもかかわらず……。

トヨタには、「先入れ先出し」という習慣があります。これは、**前からあった古いものから先に使い、あとから来た新しいものは最後に使う**、という考え方です。

たとえば、生産現場で部品の在庫をもつときに、新しく届いた部品はいちばん後ろに補充して、常に古い部品から使うように置き方を工夫します。そうすれば、古い在庫がいつまでも残ることを防ぐことができます。また、プログラミングの世界でも、格納されたデータを格納された順番で処理していく方式を、「先入れ先出し」と呼んでいます。

モノは時間の経過とともに劣化していきますから、常に「先入れ先出し」を心がけることが大切です。

古い書類から順番に処理していく

「先入れ先出し」の習慣は、決裁待ちの問題を解決する際にも役立ちます。

たとえば、書類を受け取るためのトレーを、縦置きできるボックスファイルに変更します。一般的なトレーだと、古い書類の上に、新しい書類がどんどん積み重なっていきます。

しかし、古いものがボックスファイルの手前に来るルールにすれば、あとから来た新しい書類によって古い書類が埋もれる心配はありませんし、取り出すのも簡単です。

また、書類を入れたクリアファイルに、インデックス付箋をつけることをルール化するのも効果的です。提出日や決裁の期日などを付箋に記しておけば、緊急度の高い書類が一目瞭然でわかりますから、古い書類がたまっていくといった事態を防ぐことができます。

「先入れ先出し」の考え方

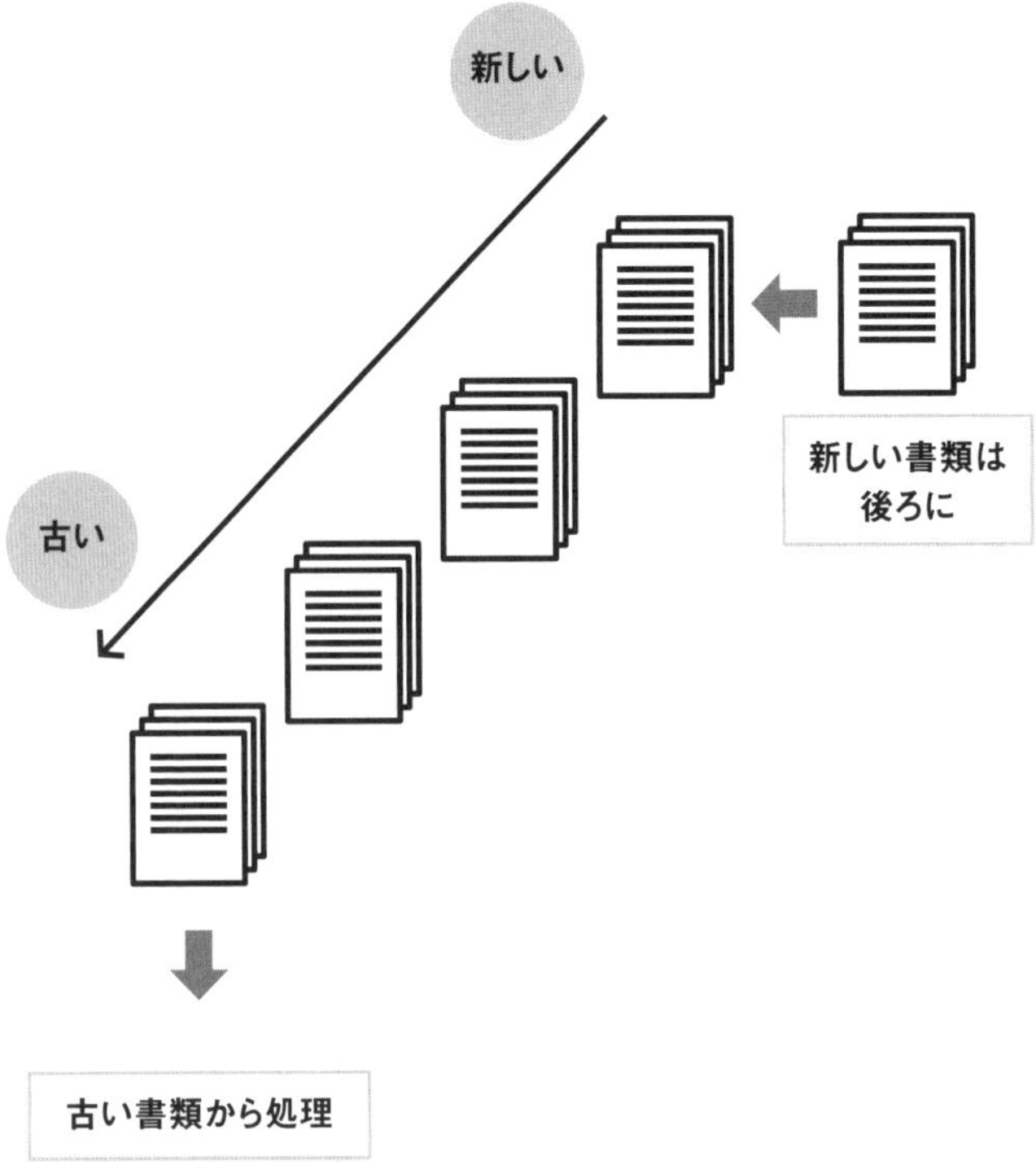

**古い書類から処理していくしくみをつくれば、
決裁待ちの時間を短縮できる**

「先入れ先出し」の考え方は、メール管理にも応用できます。

返信に時間がかかりそうな内容のメールは「時間のあるときに返信しよう」とあとまわしにしがちです。しかし、日常業務に追われているうちに、そのメールの存在自体を忘れてしまうことがあります。

このようなミスを防ぐためにも、先に受信したメールを優先的に処理していくことをルールにするとよいでしょう。まとめて返信する際にも、緊急のメール以外は、古いメールから順番に処理するようにすれば、メール相手を過度に待たせることも、うっかり返信を忘れることもありません。

ただし、どうしても返信に時間がかかるメールなどは、一時保留して忘れないしくみをつくることが大切です。その場合は、メールの相手に「返信に少し時間がかかること」を伝えたうえで、「要返信メール」のフォルダを作成し、振り分けておくこと。そうすれば、返信が必要なメールが大量のメールに埋もれることを防げます。

CHAPTER

4

最大の能力を発揮させる「人を育てる」習慣

CHAPTER 4

LECTURE 1

自分の「分身」をつくる

POINT

上司の役割とはなんだろうか。トヨタの上司は、自分が抜けても組織がまわるようなリーダーを育てる。

トヨタにおける真のリーダーは、いわゆる「仕事ができる人」ではありません。リーダーとして評価されるのは、部下を伸ばすことができる人です。

もちろん、仕事の成果も求められますが、同時に**自分の「分身」となる部下を何人育てられたかも、評価のものさしになっているのです。**

したがって、トヨタの優秀なリーダーは、自分が今の部署から離れても現場が改善を続けていけるように、「分身」となる部下を育てることが習慣になっています。

トレーナーの近江卓雄は、トヨタ時代の上司から、よくこんな言葉をかけられていたと証言します。

「『**何を残して、今の職場を卒業するか？**』。私にかぎらず、組長や工長になると、上司から頻繁に問いかけられていました。私は、人を育て自分の『分身』をつくることだと、自分なりに解釈していました。だから、自分の『分身』に育ってほしい部下には、少しむずかしい課題を与え、さまざまな経験をさせることを意識していました。これは、トヨタの文化のひとつだと思います」

一般的に仕事ができるリーダーは、大事な仕事は自分で抱え込み、部下には「あれやれ」「これやれ」と指示だけ出して、部下自身に考えさせない傾向があります。なかには、「自分の仕事やポジションを奪われるのでは」という警戒心から、部下の足を引っ張る上司さえいます。

しかし、そもそもあなたの代わりになる次世代のリーダーが育たなければ、あなた自身がいつまでたっても今のポジションから離れられず、昇進もできません。

自分の「分身」をつくるのは、上司の重要な役割です。**一人でも部下をもったら、「分身」をつくるつもりで、育てなければなりません。**

リーダーは一次会で退散する

トレーナーの村上富造も「ふだんから自分の『分身』を育てることを意識してきた」と言います。

「私は課長時代、部署の懇親会や飲み会では一次会で帰ることを自分に課していました。飲み会に行くと、その場のリーダーは部下から気を遣ってもらえますし、自分の好きな話題を振ることもできますから気持ちがいい。しかし、リーダーがいつまでもいると、ナンバー2が目立つ場所がない。だから、リーダーは一次会で退散し、二次会以降は、部下だけで行ってもらいます。

翌日、『昨日はあのあと、どうだった？』と聞くと、誰がリーダーシップを発揮したか、だいたいつかめます。酒の席は本音の付き合いですから、自然とリーダーにふさわしい人材が場を仕切り、頭角をあらわすものです。たかが飲み会もしれませんが、次世代のリーダーを見極めるという点でも、私は重視していました」

飲み会にかぎらず、**上司は部下がリーダーシップを発揮できるような機会をつくることが大切です。**たとえば、会議の一部を部下に仕切らせたり、プロジェクトのリーダーを部下に任せたりするのも方法のひとつ。役割や責任を与えることによって、部下は自分の頭で考える経験をし、成長していきます。

「なんでも自分でやってしまう上司」ではなく、「部下に成長の機会を与える上司」が、自分の「分身」をつくることができるのです。

CHAPTER 4

LECTURE 2

「1つ上の目線」で仕事をさせる

POINT

「なぜ上司は、このような指示を出したのか」と部下が目線を上げて考えることは、自身の成長につながる。

上司の「分身」をつくるためには、部下にレベルの高い課題を与え、自分の頭で考えさせることが重要です。

トヨタでは**「1つか2つ上の目線で仕事をしなさい」**とよく言われます。

自分が班長の立場の場合、1つ上の目線であれば組長の立場から物事を考える、2つ上の目線であれば工長の立場から物事を考える、というわけです。

1つ上の目線であれば、上司自身が何を考えているかをイメージしたうえで、適切な行動をとることができます。

2つ上の目線に立てれば、現在の自分の上司がどういう事業環境から現在の指示を出しているのかを理解することができます。

2つ上の目線で見ることは理想ですが、まず1つ上の目線で見ることを習慣にするのが現実的です。

トレーナーの井上陸彦は、こう言います。

「1つ上の目線で仕事をしなさいと、よく上司から言われていたのですが、実際に『上司が求めていたのは、こういうことだったのか!』と理解できたのは、自分が上司の立場になってからです。恥ずかしい話ですが、当時から1つ上の目線で見られていたら、もっときちんと仕事ができたはずです」

上司とのコミュニケーションを密にする

1つ上の目線で仕事をすることで、上司の求めていることを理解し、レベルの高い仕事をすることが可能になります。ところが、自分では1つ上の目線で見ているつもりであっても、現実にはそう簡単ではありません。

トレーナーの井上は、自分の経験を踏まえて、こうアドバイスします。

「ときどき、1つ上の目線で仕事ができたと実感できることがありましたが、そういうときは、たいてい1つ上の役職の上司とコミュニケーションが十分にとれていたときです。たとえば、休憩時間に上司と一緒にコーヒーを飲みながら雑談するときなどはチャンス。『こうすると品質がよくなる。ところでおまえの工程では……』というように、仕事で役に立つ考え方やヒントを教えてもらえました。

1つ上か2つ上の役職の目線で物事を見る

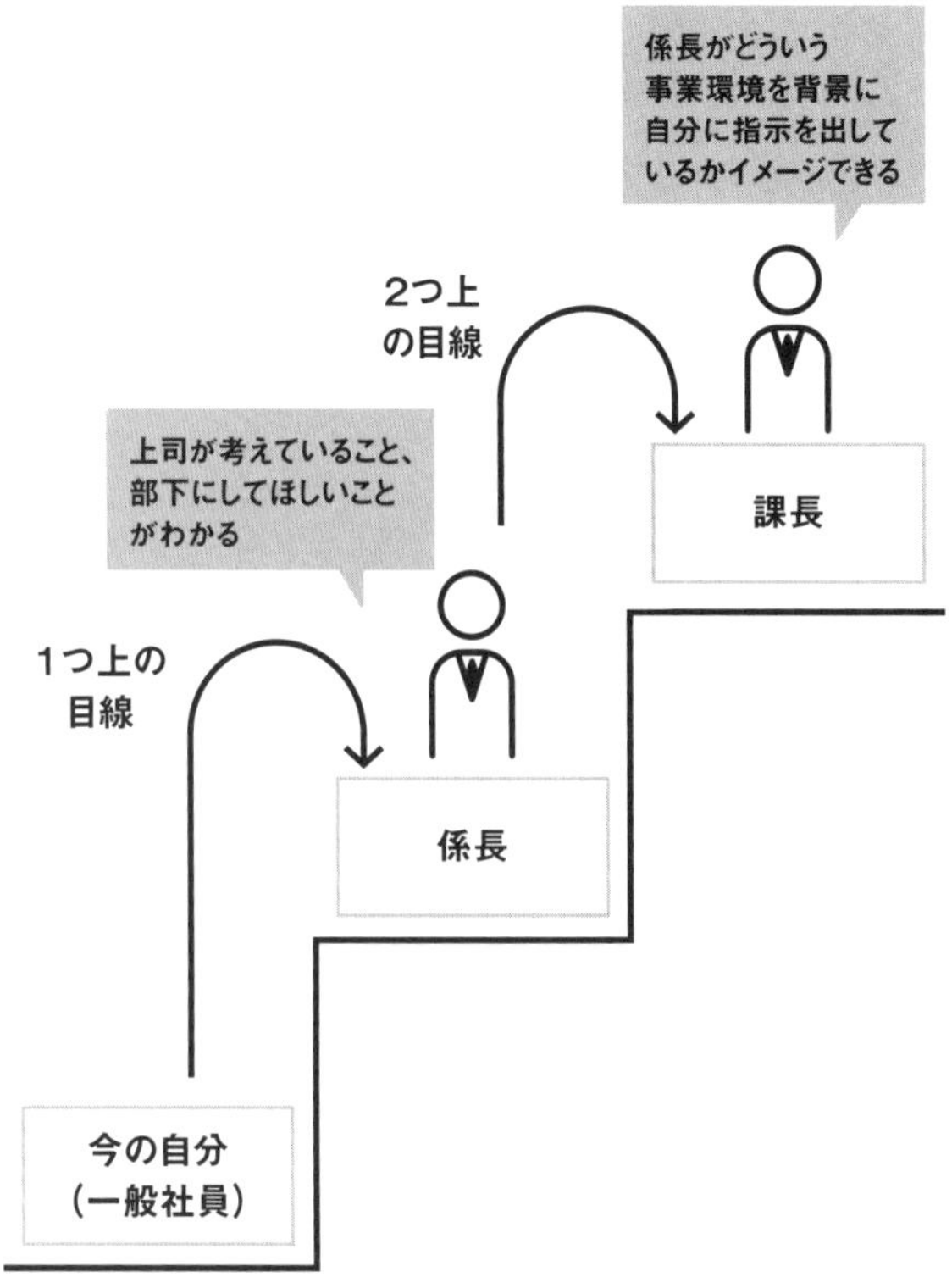

**部下が「上の立場」で考えられるように、
上司は部下を「困らせる」ことが大事**

また、**上司と打ち解けて話をするようになると、上司の考えていることがわかってきます。**こうしたコミュニケーションの積み重ねによって、1つ上の目線がぼんやりと見えてきたのです」

少々古典的な考え方かもしれませんが、コーヒータイムやたばこ部屋などは、今でも上司とリラックスして会話ができるチャンスです。1つ上の目線で仕事をすることを習慣にするなら、飲み会やランチなどで上司との接点をつかむことも大切なことです。

部下を「困らせる」

あなたが上司の立場であれば、「1つ上の目線で仕事ができる」ような機会を部下に与えることも大切です。

トレーナーの井上は、「その部下の能力に合わせて、少し高いレベルの課題を与えると成長する」と言います。

簡単にできる仕事をさせても、人は成長しません。現在の能力レベルから少し背伸びをして初めて達成できるような課題を課すことによって、人は成長します。

QCサークル（改善活動を自主的に進める小集団）の課題も、本人の能力より高いレベルに設定する。背伸びをしないといけないような課題は、上の目線に立って、自分の頭で考えないと解決できません。

「実は、こうした考えるプロセスこそが重要です。ポジションが上がるほどに、自分で考える力が求められるからです。

高いレベルの課題を与えて、仮に10のうち2か3しかできなくても、どうにかくらいついてこようとする人は、伸びしろがあります。**私たちが見ているのは、単なる結果ではなくプロセスです。課題を解決するために『どう考えたか？』を評価する。**自分の頭で考える経験をした人は、将来ポジションが上がっても、どうすればいいかが見えているので、うまくやっていけるからです。逆に、自分の頭で考えるプロセスを経験していない人は、与えられた仕事をスムーズにこなしてポジションが上がってもチームを率いることはできないでしょう」

トレーナーの近江卓雄も、1つ上の目線で考える習慣の大切さについて、こう語ります。

「いきなり上のポジションに就いても、職場のビジョンを描くのはむずかしい。だから、特に将来が有望な人材には、ふだんからレベルが上の課題を与えることが重要です。『生産性については、どうか？』『安全性については、どうか？』『人材育成の面ではどうか？』と、五大任務のさまざまな観点から頭を使って考えさせるのです。

私も当時の上司から、同じようにむずかしい課題を与えられていました。『そんな面倒なことを言われても……』というのが本音でしたが、実際にポジションが上がってから、このときの経験が活きて、俯瞰的な思考でマネジメントをすることができました。『上司は、これを教えたかったのか！』と、あとで感謝することになりました。だから、私自身も部下には1つ上の目線から見られるような課題を与えることを意識してきたのです」

部下に課題を与えるとき、上司は自由にやらせるくらいの器がないといけません。

「あれやれ」「これやれ」と指示を出してしまったら、部下は甘えてしまいます。

トレーナーの井上は、こう表現します。

「昔、トヨタの時代の上司から、管理監督者の心構えについて、こんなアドバイスを受けたことを覚えています。**『部下には上司の手のひらの上で自由に動いてもらうべき。ただし、手のひらから落ちることがないように、最低限のガードはしてあげることだ』**と。つまり、これだけはやってはいけないという範囲から出ないかぎりは、部下の自由な発想に任せる。そのほうが、部下は成長するというわけです。これは、私が管理監督者になってからも実感したことです」

500円の提案が6000円に

成長が遅い部下であっても、本人のレベルより少し高いレベルの仕事を与えることが成長につながります。伸びしろがゼロの人はいません。成長のスピードは遅くても、少し高いレベルの仕事をこなすことで、地をはうようなスピードであってもゆっくり成長していきます。

トヨタには、現場の従業員が改善のアイデアを提案する「創意くふう」という制度がありますが、この制度を通じて成長していく社員も少なくありません。

トレーナーの井上は、こう言います。


「創意くふうの制度を用いて改善案を出すと、500〜数千円の賞金をもらえるしくみになっているのですが、その改善提案を出すときも、『問題』『対策』『効果』についてそれぞれ1行ずつしか書いてこない部下もいます。私は冗談で〝三行革命〟と呼んでいましたが……。

創意くふうは、そのアイデアやストーリーによってもらえる賞金が異なるのですが、〝三行革命〟の提案は500円にしかならない。しかし、なかには着眼点がいい提案もあります。そういう見込みのある提案については、効果的な書き方や視点を教えて、もう1段階高いレベルの改善に仕上げられるようサポートした結果、6000円の高額賞金を獲得したケースもあります」

「成長が遅いから」と諦めて、誰でもできるような仕事ばかりを振るのは、その部下の可能性を奪うことになります。

トヨタでは、トヨタウェイ2001にもうたう「人間性尊重」という概念が大事にされていますが、どんな人にも伸びしろがあり、成長のポテンシャルをもっているのです。

CHAPTER 4

LECTURE 3

指示とリアクションはワンセット

POINT

部下が「やらされ感」をもたずに仕事ができるよう、トヨタのリーダーは部下の行動への「リアクション」を重視する。

部下に「あれやれ」「これやれ」と指示を出しても、その意義や目的を説明しなければ、部下は「やらされ感」にさいなまれることになります。結果として、「適当に手を抜けばいいや」「やる意味がわからない」と部下のモチベーションを下げることになりかねません。

上司がすべきことは、部下のやる気をそぐことではありません。**部下の「価値」を高めることです。**

トヨタの現場では、重大事故を防ぐために、「現場でのヒヤリハット体験は隠さずに報告する」という習慣があります。ヒヤリハットとは、現場でヒヤッとしたこと、現場でハッとしたこと。つまり、一大事には至らなかったものの、大きな事故や災害につながりかねないような体験のことを指します。

大きなトラブルや事故には、必ずそれが発生する前に兆候があります。たとえば、「機械からいつもと違う音がする」という場合、必ず異音を発生させている原因があります。「ちょっと変な音がするけれど、作業自体には問題はないから」とその問題を放置してしまうと、いずれ大きな問題につながっていきます。

現場では、小さな問題が次々と発生します。これらを小さいうちに改善して、トラブルの芽をつんでおけば、長時間ラインが止まるような深刻な事態を防ぐことができるのです。

「ヒヤリハット提案」のようなしくみがあっても、それが機能しなければ宝の持ち腐れになってしまいます。ヒヤリハット提案や改善のようなしくみがあっても、不良や事故が頻発しているような現場は、しくみが形骸化しているのです。

トレーナーの濵﨑浩一郎は、「ヒヤリハットのようなしくみを活用できるかどうかは、管理監督者の手腕にかかっている」と言います。

「現場のことをいちばんよく知っているのは、やはり現地・現物をいつも見ている作業者やオペレーターです。定点観測しているからこそ、小さな異変や兆候にも気づくことができます。

小さな子どもの体調が悪そうでも、医師は検査データに問題がなければ、『数値に異常はないから大丈夫』と診断するしかありません。しかし、子どものことをいちばんよくわかっているのは親です。ずっと一緒にいるから、子どものわずかな体調の変化でも気づいてあげられます。もしかしたら、その小さな異変は何かの病気の兆候かもしれません。同じように、機械の小さな悲鳴に気づいてあげられるのは、現場の人間だけです。

ただし、現場の部下に『ヒヤリハット体験はすぐに報告しなさい』といくら口で言っても、上司が積極的に関わらなければ部下は動きません。現場からヒヤリハットの提案が上がってきたら、報告してくれたことを褒めると同時に、できるだけ早く現場を確認して、なんらかの対策をとる。**ヒヤリハット提案に対して、上司がすぐにリアクションするか、あるいはスルーするかで、部下の意識は大きく変わってきます。**『上司が見てくれている』という安心感は上司と部下の信頼関係を強くし、ヒヤリハット提案のしくみそのものも機能し始めます」

「現地・現物」で、ラインや機械の〝悲鳴〟に耳を澄ますのは現場で働く部下たちですが、現場で働く部下の〝声〟に耳を傾けるのは上司の仕事です。

「あれやれ」「これやれ」と部下に指示することだけが上司の仕事ではありません。部下が指示通りに行動しているか確認し、そして、部下の行動に対してリアクションやフォローを忘れない。それこそ上司の重要な仕事なのです。

CHAPTER 4

LECTURE 4

仕事の「背景」まで伝える

POINT

作業がうまくできるだけでは一人前ではない。仕事の背景を知ることで、より付加価値の高い仕事ができるようになる。

「こうやるとうまくいく」と実際に上司が作業している様子をやってみせてから、今度は部下に同じようにやらせてみせる。つまり、「やってみせ、やらせてみせる」ことまでは、一般の会社でもやっていると思います。

ただし、見よう見まねでは、どんなにコピーしたとしても、80％をマスターするのがせいぜいです。さらに、その部下のやり方を別のメンバーがコピーしたら、オリジナルからは60％程度の出来になってしまうでしょう。単に、「やってみせ、やらせてみせる」だけでは、限界があるのです。

一方、**トヨタでは、部下に作業方法を教えるとき、「やってみせ、やらせてみせて、フォローする」ことが基本とされています。**

トヨタの標準は、上司にとって部下を指導するためのツールです。やるべきこととやってはいけないことが明確に記されているので、上司によって指導内容がブレることがありません。部下に新しい作業を教えるときは、上司が実際に作業を「やってみせ」ながら、作業要領書などの標準に記載されている手順や急所、その理由を説明していきます。

こうすることで、部下はひと通り作業ができるようになりますが、完全に身についているとはかぎりません。時間がたつと忘れてしまうこともあれば、「わかったつもり」になっていることもあります。

そこで、標準にもとづき、「やってみせ、やらせてみせる」ことで、部下に作業の勘どころを覚えてもらいます。**「部下にやらせてみせるとき、同時に作業の急所とその理由を部下に言わせることを習慣にしていた」**と話すのは、トレーナーの中上健治です。

「今の標準がどうして生まれたのか、その成り立ちや意味を理解していないと、結局、言われた通りに作業をこなすだけで終わってしまう。『なぜ、そうするのか?』というところまで知って初めて、『おや、何かおかしいな』と問題に気づくことができるのです。だから、部下が標準の急所とその理由を説明できるようになるまで、みっちり教えます。

また、急所やその理由がわからないと、将来、彼らが部下をもって指導をするときも、部下が納得するような教え方ができません。そういう意味でも、標準の急所とそ

トヨタの効果的な教え方

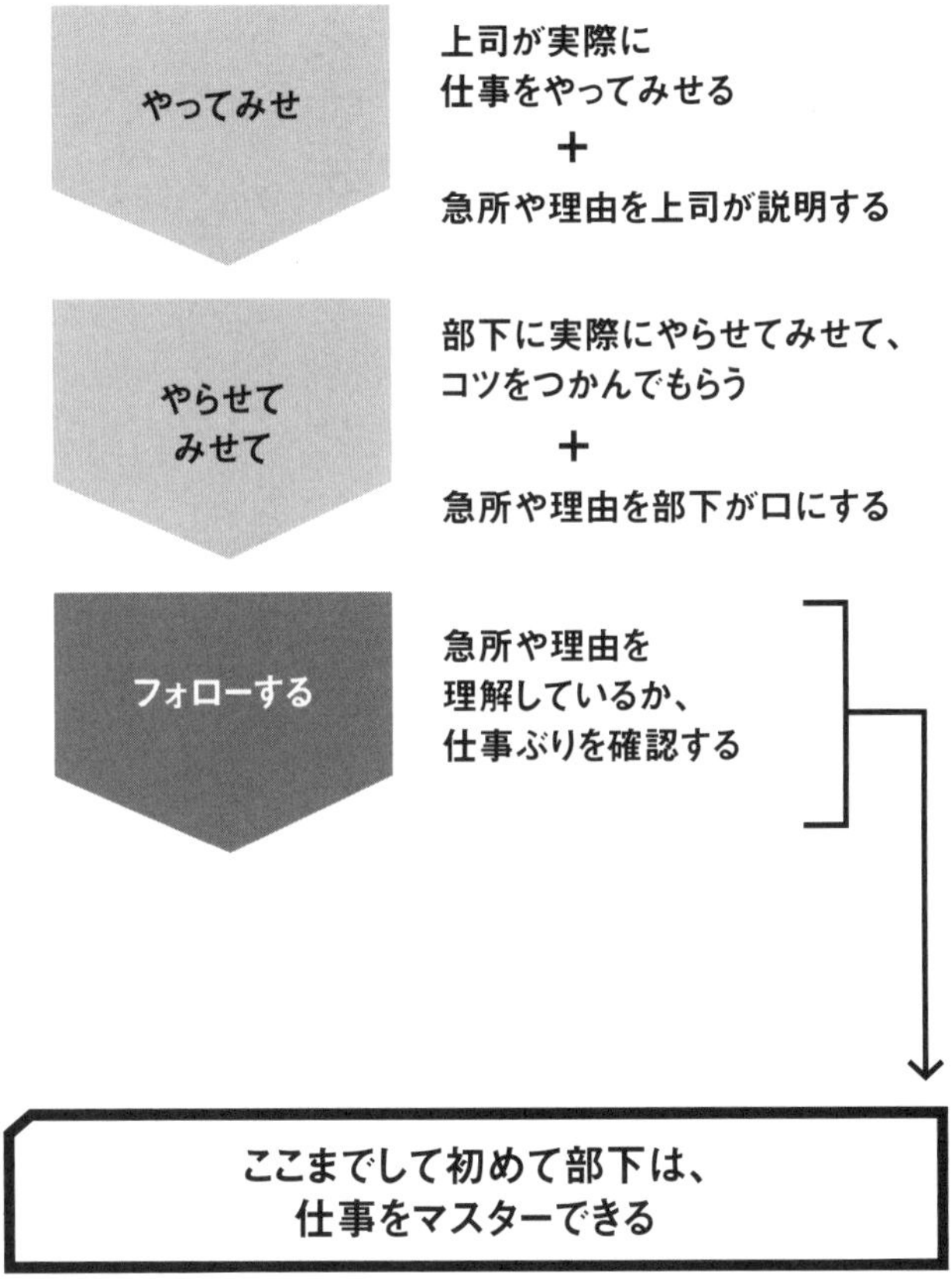

の理由を押さえておくことは重要なのです」

さらに、トヨタの上司は、「やってみせ、やらせてみせる」ことだけで十分とせずに、本当に身についているかどうかを確認するために、現場で作業している様子をたびたび見に行くなど「フォロー」を欠かしません。つまり、「教えたことを頭と体両方で覚えたな」というところまでフォローしていくのです。

「なぜ、この作業をするか」を明確にする

このように、ひとつの作業の背景にある理由まで理解させることは、仕事の付加価値を高めることにもつながります。

単に「営業日報を毎日書きなさい」と言われても、その必要性を理解していなければ、「面倒くさいなあ」という気持ちが先立ち、やっつけ仕事になってしまいます。

しかし、営業日報を記すことで、事前にトラブルの予兆を上司が察知し、フォロー

することもできます。また、一人の営業担当のよい事例を他の営業担当の顧客先でも応用できれば部全体の売上向上にもつながります。過去にも営業日報がきっかけとなって、トラブルを未然に防いだり、売上アップにつながったりした――。そんな営業日報の意義を部下が理解すれば、営業日報の書き方や活用の仕方も変わってくるはずです。

目に見えている部分だけ教えていると、大切な「カンコツ」の部分が抜け落ちてしまうことがあります。

カンコツがモレなく記載された標準などを使って教えつつ、**「この仕事には、こういう意味がある」というところまで伝える。そして、それを部下が本当に理解しているかまで確認する**ことによって、メンバー一人ひとりの生産性が向上し、付加価値の高い仕事を生むことができるのです。

CHAPTER 4

LECTURE 5

本業以外の「インフォーマル活動」に取り組む

POINT

仕事で芽が出ない部下を見捨ててはいけない。「活躍する場」を用意するのも、上司の大切な習慣である。

「トヨタでは、本人の取り組み姿勢しだいで、すべての活動が糧《かて》になる」と話すのは、トレーナーの橋本亙です。

たとえば、トヨタには、「インフォーマル活動」と呼ばれるものがあります。別の部署、別の工場の社員と交流会や相互研鑽の場、レクリエーションなどを通じ、横のつながりを活かしてコミュニケーションを図る活動です。役職ごとの会（組長会、工長会）、入社形態別の会などがあります。

これらの活動は就業時間外に行なわれるので、基本的に給料は出ません。ふつうの人であれば、「給料が出ないなら、やってもムダ。面倒だ」と思うでしょう。

しかし、「インフォーマル活動は成長するチャンス」と橋本は言います。

「インフォーマル活動に積極的に関与しようと思えば、リーダーシップが求められます。スポーツ大会やレクリエーション、勉強会を開催するときは、他部署のメンバーとのコミュニケーションや準備が必要になりますから、段取り力も身につきます。職場ではまだリーダーになっていない人でも、こうした場でリーダーシップを鍛えることができます。

また、組織横断の活動なので、懇親会などを通じていろいろな人と親密になり、将来仕事で助け合うことができるのもメリットです」

めんどうくさいという気持ちで参加するのではなく、「参加することで勉強になる」と思うことで意欲や吸収力も変わってきます。これはあらゆる仕事にいえることではないでしょうか。

伸び悩んでいる部下には活躍の場を与える

人が成長するのは、職場だけではありません。トレーナーの近江卓雄は、「職場で伸び悩んでいる部下には、インフォーマル活動や社内レクリエーションを経験させることもあった」と話します。

「トヨタでは昭和30年代から社内駅伝大会を開催しており、社員団体が運営を担当しています。ちょっとしたスポーツイベントよりも規模が大きいので、メンバーをまとめるリーダーシップや他部署を巻き込む力などが必要になります。

日々の生産の作業は不得意でも、このようなイベントになると目が輝き、のびのびと活躍する人材もいます。このような社内イベントやインフォーマル活動がきっかけで自信をつかみ、職場に戻ってきてからもリーダーへと育っていくケースも見てきました」


特に若手に対しては、インフォーマル活動のような本業以外の場を提供するのも上司の仕事です。これらに前向きに取り組むことができれば、若手自身が成長できるチャンスとなりますし、まわりの見る目も変わってくるはずです。

たとえば、部門横断のプロジェクトに抜てきしてもいいですし、飲み会や花見など社内イベントのリーダーを任せてもいいでしょう。本業以外で活躍できる場を見つけることができれば、職場に戻っても、若手の部下は自信をもって仕事に取り組めるようになります。

CHAPTER 4

LECTURE 6

叱るときも「なぜ？」

POINT

「気をつけなさい」だけでは、同じ失敗を繰り返す可能性がある。叱るときも考えさせることが重要だ。

トヨタでは、問題の真因を追究する際に、「なぜ問題が起きたのか?」を徹底に考えていきます。**「なぜなぜ5回」という言葉があるように、しつこいくらいに「なぜ?」を繰り返すことで、真因が見えてくる**というわけです。

「トヨタでは、叱るときにも『なぜ?』を使う習慣がある」と話すのは、トレーナーの濵﨑浩一郎。

「相手があきらかに自分の失敗を認め、反省しているときは、叱るようなことはしません。『次は気をつけなさい』のひと言で終わり。しつこく言わなくても、『自分が悪い』という自覚があるから、二度と同じ過ちは犯しません。一方で、相手が過ちを認めないケースもあります。たとえば、標準作業『A→B→C』のうちBの作業を飛ばしたことに対して叱ったところ、部下が『悪いことをしたとは思っていない』と反発したとします。このようなときは、『なぜなぜ』の出番です。ただし、決して尋問ではありません。部下に事実を客観的に捉えさせ、考えさせるためのガイドです」

Bの作業をひとつ飛ばしたのであれば、何か理由があるはずです。だから、「なぜ、

Bの作業を飛ばしたのか？」「なぜ、標準を守らなかったのか？」を尋ねてみます。

すると、「Bの作業を抜かしたほうが早く作業ができて効率的だ」といった反論が返ってきます。そうしたら、「たしかにそうかもしれない。でも、なぜ標準ではBの作業が入っているのだろう？」と問いかける。そして、相手に考えさせたうえで、「Bの作業がなければ、たしかに早くできるかもしれないが、Bの作業を抜かすと、次工程で不具合が出て、ラインが止まる原因になってしまう」と丁寧に説明します。

「なぜ？」を使ってプロセスのまずさを説明していくと、相手も納得してくれます。「B作業を抜かすなと言っただろう！」と「結果」だけにフォーカスして叱ると、相手は納得せず、同じことを繰り返すかもしれません。「プロセス」にフォーカスして叱ることを習慣にすることで、問題やミスの発生を防ぐことができるのです。

感情的に「怒る」のは相手に関心があるから

感情的に「怒る」のではなく、相手に納得してもらえるように「叱る」ことの重要性はご存じの通りです。相手が憎いからといって感情的に怒るのは言語道断ですが、

「時と場合によっては『怒る』ことも必要だ」と話すのはトレーナーの濵﨑。

「先日、昔の職場の部下と会ったとき、『昔は濵﨑さんが嫌いだった。でも、今は濵﨑さんみたいに厳しく怒ってくれる人が少なくなって寂しい』と言われ、『怒る』ことの意味を考えさせられました。他の部署のことはわかりませんが、私自身は、ときに感情的に『怒る』ときもありました。特に安全に関わることでルール違反をしているような場合は、ためらうことなく雷を落としていました。万一、ルールを破ったことでケガなどをしたら、その部下にとっても、その家族にとっても不幸だからです。

感情的に怒らないと、相手が事の重大性を理解してくれないときがあります。そもそも感情的になるのは憎いからではなく、相手のことに関心をもち、本気で心配しているからです。『好き』の反対語は『嫌い』ではなく、『無関心』。**上司のいちばんの罪は、部下に無関心であることだ**と考えています」

今の時代は、「褒めて育てる」ことの大切さが説かれていますが、褒める一辺倒では、うまくいかないのが現実。相手に関心をもって「怒る」ことも重要です。

CHAPTER 4

LECTURE 7

合言葉は「どうしてやろうかな」

POINT

困難に正面から取り組むことで成長できる。トヨタでは、あえてむずかしいことに挑戦することが習慣化している。

仕事に真剣に取り組んでいると、ときに困難にぶつかることがあります。これまで経験したことのないような新しい仕事、背伸びしなければできないようなチャレンジングな仕事など……。

これからの苦難を想像して、二の足を踏み、見て見ぬふりをしたいと考えるかもしれません。しかし、そうした困難こそ、貴重な学びの機会です。

「トヨタには、困難を困難と考えない上司がたくさんいた」と話すのは、トレーナーの中上健治です。

「私のトヨタ時代には、困難な事態に直面したときでも、決して弱気な発言をしない上司がいました。困難を前に立ちすくむのではなく、『さあ、どうしてやろうかな』と、すぐに問題を解決する方法を検討し始めるのです。

私は当時、塗装の部門に所属していました。下や横に位置する面を塗装するのはむずかしくはなかったのですが、天井に貼りついている面を塗装するのは簡単ではありませんでした。塗料は液体なので、天井に吹きつけるとどうしても重力で垂れ落ちてしまうからです。この問題に直面したとき、多くの作業者は、『これはできない』と諦めモードでしたが、その上司は、『さあ、どうしてやろうかな』と言って、試行錯誤を始めました。そして、塗料が垂れ落ちないように斜め方向から少しずつ吹きつけるという方法で、この問題を解決しました。

今振り返ってみると、困難な問題に果敢に立ち向かう人ほど、技術も向上していきましたし、昇進もしていきました。むずかしいことにチャレンジすることで、その経験がその後の仕事にも活かされたのだと思います」

困難にチャレンジする経験は必ず活きる

なかには、一生に一度しか経験しないような大きなトラブルに見舞われることもあります。そのような重大問題を前にして、及び腰で対処するのか、それとも前向きに解決に向けて動くのか。どちらを選択するかは、その後の仕事にも大きな影響を及ぼします。**まったく同じような問題は起きなくても、そのときに問題解決に奔走したことによって得られた経験は、別の機会で必ず活きてきます。**

トレーナーの中上は、こう続けます。

「私はロボットに塗装の作業を教える（ティーチングという）仕事もしていましたが、困難な仕事に果敢に立ち向かい、たえず技能を磨いてきた人は、ロボットにティーチングするのも得意です。カンコツを理解しているすぐれた技能をもつ人が教えると、ロボットはスムーズな動きで、ムダがない。一方、そうではない人が教えると、ムダな動きが多く、仕事の仕上がりもムラがあります。誰がロボットにティーチングしたか、すぐにわかるくらい差が出るものです」

誰でもできる簡単な仕事ばかりしていたら、スキルは磨かれません。それこそロボットに代替されてしまいます。一方で、多くの人が逃げ出したくなるような困難に立ち向かうことが習慣化している人は、独自のカンコツを身につけていきます。だから、工場の自動化、ロボット化が進んでも、その技術を活かすことができるのです。

チャレンジして失敗するかもしれない。しかし、その経験は必ずどこかで活きるはずです。「さあ、どうしてやろうかな」。問題に直面するたびに、こんな言葉をつぶやくことが習慣になれば、日々成長できるはずです。

CHAPTER 4

LECTURE 8

「めんどう見」をする

POINT

トヨタのリーダーは、公私にわたって部下を見守る。そのひと手間が部下の成長や仕事の成果につながる。

近年では、仕事とプライベートは分けることが一般的な考え方になりつつあります。しかし、私生活での乱れやトラブルは、直接、仕事に影響し、ミスや事故を引き起こすことがあります。

たとえば、家族の介護で寝不足が続いていれば、昼間の集中力に影響してきますし、借金を抱えていたり、夫婦関係がうまくいっていなかったりといった問題を抱えていれば、精神的に不安定になる可能性があります。

昔よりは薄れつつありますが、トヨタでは、**「社員一人ひとりが家族」と捉え、あえて私生活にも踏み込む習慣が今も残っています。**

部下の「めんどう見」が、トヨタの文化なのです。トヨタでの「めんどう見」とは、「褒める」「叱る」「見守る」コミュニケーションのことをいいます。

トレーナーの井上陸彦は、「手とり足とりの指導や細かい指示はしないけれど、見守ってくれている上司がいた」と証言します。

「QCサークルに取り組んでいた若手社員のとき、活動の発表会を控え、業務終了後、自宅で資料作成をしていました。上司から大ざっぱなストーリーとポイントのアドバイスは受けていたのですが、慣れない作業なので四苦八苦していました。イラストを手で描く作業も大変でした。

そんなとき、私の上司でもある班長は、『おう、やってるか？　頑張れよ』と自宅まで様子を見に来てくれました。そして、自宅の片隅で将棋を指し始めたのです。決して『あれやれ』『これやれ』とは言わずに、『わからなかったら聞いてこい』というスタンスです。近くで見守ってくれている上司がいるのはとても心強く感じました。だから、私が上司の立場になってからも、事務所で別の仕事をしながら、現場の部下の仕事が終わるのを待っていることが習慣になっていました」

トレーナーの井上は、こうも言います。

「当時の役員からよく『部下には、朝、家を出たときと同じ状態で、元気に家に帰ってもらおう』と言われていました。つまり、職場で部下にケガをさせないよう気にかけることが上司の仕事だというわけです」

トヨタの上司が部下を「見守る」のは職場だけではありません。部下のプライベートな面までめんどうを見ています。たとえば、太り気味で血圧や血糖値が高い部下には、どんな食事をすればいいか、一緒になって食事管理に取り組んであげる。借金をしていて困っている部下がいれば、返済方法や返済計画をともに考えてあげる。

また、トレーナーの井上は、突然会社に来なくなって部屋にひきこもっていた部下の家まで行き、その身の安全を確かめるため管理人にカギを開けてもらったこともあったそうです。

「何をすれば部下のためになるのか」と考える習慣が身についていたために、トヨタの上司は、ここまでめんどう見ができたのです。

部下の意外なプライベートに気づく

「めんどう見をすることで、部下の意外な面に気づけることもある」と言うのは、トレーナーの濵﨑浩一郎です。

濵﨑が新しく赴任した部署で、事故が相次いで発生したことがありました。安全をテーマに講習会を開いたりしても目に見える効果がなかったため、限界を感じた濵﨑は、約120人の部下全員と個別に面談を実施することにしました。

「一人につき20～30分の時間をとり、職場の安全に関することから、仕事へのこだわり、趣味、家庭環境、仕事や人生の目標など、人間性に触れる部分までヒアリングをしました。

事故やトラブルの発生には、必ず原因があります。それらの芽をつんでいくには、部下からヒヤリハットに関する情報を吸い上げる必要があります。**プライベートにまで踏み込んで人間関係を築くことで、情報も集まりやすくなりますし、こちらからの注意喚起も効果的になる**と考えたのです。面談には時間もかかり大変でしたが、結果的には部署の安全に関する意識も高まり、事故は発生しなくなりました」

面談の効果は、安全に対する意識向上にとどまりませんでした。ある一人の若者の意外な一面にも光を当てることになりました。

その若者は、私服が派手で、坊主頭の強面の風貌。そんな彼が、ある日、頭に包帯を巻いて出勤してきました。濵﨑が「どうした？　どこでケガをした？」と聞いても、「いやぁ」とはぐらかすだけで理由を言いません。彼の上司に事情を聞いたところ、上司にも理由を言っていないそうです。上司は「ケンカでもしたんですかね」と冗談交じりに言っていました。

濵﨑が彼と面談をした際に、休日の過ごし方についての話題になったときのことです。彼は照れくさそうに、こう言ったそうです。

「毎年、地元の先輩たちとビーチ清掃のボランティアをしているのですが、一人で海の家を切り盛りしているおばあさんの代わりに電球を取り換えようとしたら、イスが倒れてケガをしちゃいました」

この思いがけない話で、濵﨑は初めて包帯をしていた理由を知ったのです。彼は見た目は強面ですが、実は心根のやさしい、レゲエ好きの青年だった、というわけです。

組織マネジメントには〝遊び〟が必要

そんな彼の意外な一面を知った濵﨑は、年度末の成果発表会で彼のボランティア活動をみんなに紹介し、ポケットマネーで表彰しました。濵﨑は、こう振り返ります。

「職場では想像もつかない彼の本当の人間性を知ってもらうことは、職場のためにも彼のためにもなると考えました。120人の部下全員を個人面談するという形をとらなければ、本当の彼の人間性を知ることはできませんでしたし、プライベートまで踏み込んで初めて見えてくることがあると、あらためて気づかされました。

世間では、トヨタはムダをとことん排除する効率至上主義というイメージかもしれません。それもトヨタの一面ではありますが、そのバックグラウンドには、『人間性尊重』の概念があります。**人を大切にし、部下の成長の可能性を信じてとことん向き合い続けているからこそ、効率を追求しても組織がガタガタにならない。**部下のめんどう見は、一見非効率に思えるかもしれませんが、ブレーキやハンドルと同じように〝遊び〟の部分がないと、組織運営もうまくいかないのです」

一般の会社では、なかなかプライベートにまで踏み込んでめんどうを見ることはむずかしいかもしれません。しかし、「何をすれば部下のためになるのか」という意識をもって積極的に向き合うことが最も大切です。

たとえば、打ち合わせやホウ・レン・ソウ（報告・連絡・相談）などの機会に、本題以外の話題を部下に振るだけでも効果があります。

「そういえば、○○社の企画は順調？」「ちょっと表情が暗いな。ちゃんと寝てるか？」などと声をかければ、「実は……」と困りごとを打ち明けてくれるかもしれません。その結果、上司がサポートすべきことが見つかるかもしれませんし、部下は上司に話を聞いてもらえただけでも安心するものです。時間がなければ、立ち話でもいいでしょう。

めんどう見をすることは、部下との信頼関係を築くことになり、**上司にとっては「いざというとき無理を聞いてもらえる」「業務に積極的に取り組んでくれる」などのプラスの効果を生み、部下にとってもより前向きな姿勢でチャレンジングな仕事に取り組んでいくことで、自らの可能性を花開かせることができるのです。**

おわりに

ＯＪＴソリューションズのお客様から、「以前は改善活動をやっていたが、やめてしまった」という声をよく耳にします。理由を聞くと「現場が仕事で忙しくなったから」「事業がグローバルに拡大する中で、トップも現場に行く時間がなくなったから」という内容が多いようです。

改善は仕事ではなく「本業に追加する手間のかかること」という認識が強いために業務の状況しだいで中止となり、「余裕ができたらまた始めればいい」と考えているようです。

改善にかぎらず、この傾向は教育や人材育成についてもいえることです。これまでの歴史を見ても、トヨタの場合は、どんなに忙しくなっても経営環境が変化しても、改善や人材育成をやめたことはありません。それは、改善や人材育成はよりよいモノづくりを追求し続けるためには必要な仕事であり、企業経営にとってやるのが当たり前のことだからです。経営者だけでなく従業員も、それらをやり続けることに疑問をもちません。

このようにお客様に説明すると頭ではご理解いただけますが、「トヨタは特別なしくみがあるからでしょう」と言われます。もちろん、トヨタには改善や人材育成を継続させるいろいろなしくみは存在します。

しかし、しくみ自体がどんなにすばらしくても、よほどの強制力か、一人ひとりの自発的な行動のいずれかがなければ継続しません。トヨタの場合は、後者がしくみをうまく機能させていると私たちは考えています。

本書では、各職場での改善や人材育成の自発的推進をサポートするために、習慣化すべき考え方や行動パターンをまとめました。これらの考え方やモノの見方、行動パターンの多くは、自然に職場に根づいたものではなく、過去の歴史の中でリーダーたちが「こういう習慣を職場に根づかせたい」と考えて意志をもって行動した結果、根づいたものです。

トヨタはこれまで、さまざまな活動を通じて、考え方やモノの見方、行動パターンを習慣化させてきました。それらの活動には、大きく3つの特徴があります。

1つ目は、短期的な成果だけを求めることが少ないこと。

たとえば「○○を▲%向上させる」というテーマであれば、目標達成すると活動が終了してしまいがちです。しかしトヨタでは、その活動を通じて組織体質がどう強くなったのか、メンバーは何を学んだのか、意識はどう変わったのかが問われます。組織体質などは1年や2年で変わるものではないので、現場では当初の定量目標を達成しても、翌年はさらに高い目標を掲げて活動を続けることになります。当然、それを求めた幹部はずっとフォローする責任を負うことになります。「忙しいから」という理由で報告を聞かないことは許されません。

2つ目は、みんながイメージしやすくユニークなネーミングにすること。

たとえば、現場で実施されている「寄せ停《ど》め」という活動。これはバブル崩壊後に生産量がダウンし、全社的に設備稼働率が下がったときに始めた活動です。50%の稼働率の同じ設備が2台あれば、片方に生産を「寄せ」(集約)て、もう1

台は稼働停止するということです。非稼働設備の売却・廃却の判断はいったん保留にしても、まずは設備を停めてしまいます。そうすることで、人の作業の効率化や、光熱費・メンテナンス費の低減が可能になります。

世間的にはなじみのない言葉ですが、表現のシンプルさとわかりやすさに加えて、トップの積極的な使用と活動のサポートにより、現場への浸透が加速しました。現在はトヨタでは一般用語になり、「寄せ停め」されているかどうかは、現場を見るときのひとつのポイントになっています。

3つ目は、機能横断的な活動が多いこと。

車は数万点の部品から構成されており、サプライチェーンも長く多岐にわたっています。そしてそれぞれが企画・開発・設計・調達・製造・物流・販売というプロセスをもつので、何かを変えるときにも特定の部署だけでは完結しません。もちろん、このような特性からはデメリットも生まれますが、ある活動を横展《よこてん》（社内全体で共有すること）するスピード感と徹底度合いは強くなるというメリットもあります。だからこそ、活動を通して生まれた知見や考え方が「習慣化」されやすいのです。

私たちOJTソリューションズのトレーナーは、トヨタでの40年の経験を通して身に染み込んだ「習慣」の中からお客様の特性に合うものを選び、それらがお客様の職場での「習慣」になるまで、辛抱強く現場で一緒になって汗をかきます。こうした地道なプロセスが、改善や人材育成を現場に根づかせることにつながるのです。

株式会社OJTソリューションズ

（株）OJTソリューションズ
2002年4月、トヨタ自動車とリクルートグループによって設立されたコンサルティング会社。トヨタ在籍40年以上のベテラン技術者が「トレーナー」となり、トヨタ時代の豊富な現場経験を活かしたOJT（On the Job Training）により、現場のコア人材を育て、変化に強い現場づくり、儲かる会社づくりを支援する。
本社は愛知県名古屋市。60人以上の元トヨタの「トレーナー」が所属し、製造業界・食品業界・医薬品業界・金融業界・自治体など、さまざまな業種の顧客企業にサービスを提供している。
主な著書に20万部超のベストセラー『トヨタの片づけ』をはじめ、『トヨタ仕事の基本大全』『トヨタの問題解決』『トヨタの育て方』『［図解］トヨタの片づけ』『トヨタの段取り』『トヨタの失敗学』、文庫版の『トヨタの口ぐせ』『トヨタの上司』（すべてKADOKAWA）があり、シリーズ累計77万部を超える。

仕事《しごと》の生産性《せいさんせい》が上《あ》がる　トヨタの習慣《しゆうかん》

2017年９月14日　初版発行

著者／（株）OJTソリューションズ

発行者／川金　正法

発行／株式会社KADOKAWA
〒102-8177　東京都千代田区富士見2-13-3
電話　0570-002-301（ナビダイヤル）

印刷所／大日本印刷株式会社

KADOKAWAカスタマーサポート
［電話］0570-002-301（土日祝日を除く10時〜17時）
［WEB］http://www.kadokawa.co.jp/（「お問い合わせ」へお進みください）
※製造不良品につきましては上記窓口にて承ります。
※記述・収録内容を超えるご質問にはお答えできない場合があります。
※サポートは日本国内に限らせていただきます。

定価はカバーに表示してあります。

ISBN 978-4-04-601957-8　C0030